煤炭职业教育“十四五”规划教材
高等职业教育“新形态”一体化教材

安全管理

主　编　王雪佼
副主编　朱育民　刘金峰　关　晓
主　审　曹　晶

中国矿业大学出版社
·徐州·

内 容 提 要

本教材系统介绍了安全生产管理的科学原理和技术管理实践，具体包括初探安全管理，危险、危害因素分析，事故统计，事故调查，个人行为控制，组织行为控制等内容。

本教材可作为高等职业院校安全类专业的专业课教材以及面向生产管理一线人才培养的其他专业知识拓展类、素质教育类课程教材，也可作为应急管理部门、企事业单位从事安全生产管理人员的参考用书。

图书在版编目(CIP)数据

安全管理 / 王雪佼主编. — 徐州 ：中国矿业大学出版社，2023.10

ISBN 978 - 7 - 5646 - 4671 - 4

Ⅰ. ①安… Ⅱ. ①王… Ⅲ. ①安全管理—教材 Ⅳ. ①X92

中国国家版本馆 CIP 数据核字(2023)第 217693 号

书　　名 安全管理
主　　编 王雪佼
责任编辑 何晓明　何　戈
出版发行 中国矿业大学出版社有限责任公司
(江苏省徐州市解放南路　邮编 221008)
营销热线 (0516)83885370　83884103
出版服务 (0516)83995789　83884920
网　　址 http://www.cumtp.com　**E-mail**:cumtpvip@cumtp.com
印　　刷 苏州市古得堡数码印刷有限公司
开　　本 787 mm×1092 mm　1/16　**印张** 10.75　**字数** 275 千字
版次印次 2023 年 10 月第 1 版　2023 年 10 月第 1 次印刷
定　　价 42.00 元

前　言

安全生产管理是指国家应用立法、监督、监察等手段，企业通过规范化、专业化、科学化、系统化的管理制度和操作程序，对生产作业过程中的危险及危害因素进行辨识、评价和控制，对生产安全事故进行预测、预警、监测、预防、应急、调查、处理，从而实现安全生产保障的一系列管理活动。

本教材由校企"双元"合作开发，由学校与企业专家共同依据企业安全生产管理岗位职责、现行安全生产管理法规标准要求及高职教育教学改革累积成果进行编写，以项目为载体，以任务为主线，突出了学生在学习中的主体作用。本书为活页式教材，突出了职业引导功能，更加适合学生的心理特点和认知习惯。

本教材内容系统介绍了安全生产管理的科学原理和技术管理实践，具体内容包括初探安全管理，危险、危害因素分析，事故统计，事故调查，个人行为控制，组织行为控制等内容。具体编写分工如下：项目一至项目三由黑龙江能源职业学院王雪佼编写，其中黑龙江省煤炭生产安全管理局关晓参与编写了项目一的任务四；项目四由黑龙江能源职业学院朱育民编写；项目五、项目六由黑龙江能源职业学院刘金峰编写。

本教材可作为高等职业院校安全类专业的专业课教材以及面向生产管理一线人才培养的其他专业知识拓展类、素质教育类课程教材，也可作为应急管理部门、企事业单位从事安全生产管理人员的参考用书。

由于水平有限，书中不足之处在所难免，恳请广大读者批评指正。

编　者

2023年8月

目　录

项目一　初探安全管理

走进课堂

我们每天要做很多事情，用电、用火、用水、用燃气、乘车、乘船、乘飞机……日常生活各个方面的事情都可能会对我们的安全和健康造成伤害。这些问题，都是日常生活中的安全问题。

任务一　生活中的安全隐患

生活中的安全隐患

"安全"伴随人类而来，人类产生了"语言"，也就产生了安全意识。随着人类社会的逐渐发展，有了房屋安全、医疗安全、设备安全、交通安全，直至目前的网络安全、信息安全等。在古代汉语中，并没有"安全"一词，但"安"字却在许多场合下表达着现代汉语中"安全"的意义，表达了人们通常理解的"安全"这一概念。例如，《易经・系辞下传》中就有"是故，君子安而不忘危，存而不忘亡，治而不忘乱，是以身安而国家可保也。"这里的"安"与"危"相对，且如同"危"表达了现代汉语的"危险"一样，"安"所表达的就是"安全"的概念。

"无危则安，无缺则全"，安全意味着没有危险且尽善尽美。这是与人们传统的安全观念相吻合的。可事实真的如此吗？

一、安全的定义

安全是一种相对的状态。没有事故及事故发生的可能性的状态，就是安全状态。如使用"事后指标"，则事后指标为零的状态就是安全状态。安全是在人类生产过程中，将系统的运行状态对人类的生命、财产、环境可能产生的损害控制在人类能接受水平以下的状态。

按照安全系统工程的观点，安全是指客观事物的危险程度能够为人们所普遍接受的状态。

二、人类对安全的认识

1. 第一阶段：无知（不自觉）的安全认识阶段

它指工业革命以前，生产力和仅有的自然科学都处于自然和分散的状态。

2. 第二阶段：局部的安全认识阶段

它指工业革命以后，生产中已使用大型动力机械和能源，导致生产力与危害因素的同步增长，促使人们局部认识安全并采取措施。

3. 第三阶段：系统的安全认识阶段

系统的安全认识阶段是由于形成了军事工业、航天工业，特别是原子能和航天技术等复杂的大型生产系统和机器系统，局部安全认识已无法满足人类在生产生活中对安全的需要，必须发展与生产力相适应的生产系统并采取安全措施。

4. 第四阶段：动态的安全认识阶段

动态的安全认识阶段是指随着当今生产和科学技术的发展，特别是高科技的发展，静态的安全系统、安全技术措施和系统的安全认识（即系统安全工程理论）已不能满足动态过程中发生的、具有随机性的安全问题，必须采用更加深刻的安全技术措施和安全系统认识。

三、安全的研究内容

无论是在辞书中，还是在学术研究中，人们经常把安全与“不受威胁”“不出事故”等联系在一起。有危险并不代表不安全，（有一种安全是虚假的）只要“危险、威胁、隐患等”在人们的可控范围内，就可以认为其是安全的。所以对于“安全”一词大家可能在理解上有一些误区或者是不完全理解，例如在工作、生活等环境中，危险是无处不在的，相信大家也能举出很多危险的例子（如开车、乘飞机、操作设备等），但是不能因为这些危险的存在就说不安全，面对危险是否有对策？对策是否有效？对策是否已落实？这才是判断安全的有效方法，也是安全研究的主要内容。没有危险的安全状态几乎不存在，如果一味地追求没有危险，大家试想一下我们的工作和生活将如何进行？

四、安全的特征

① 复杂性：安全问题的随机性与确定性的复杂性特性。

② 交叉性：安全的自然属性与社会属性的交叉性特性。

③ 有限性：避免事故或危害的有限性特性。

④ 相对性：免除风险（或危险）和损失的相对状态或程度。

⑤ 极端性：安全科学的研究对象是一种“零-无穷大”事件，或称“稀少事件”。

五、安全隐患

在日常的生产过程或社会活动中，人的因素、物的变化以及环境的影响等会造成各种各样的问题、缺陷、故障、苗头、隐患等不安全因素，如果不发现、不查找、不消除，会打扰和影响生产过程或社会活动的正常进行。这些不安全因素有的是疵点、缺点，只要检查发现后进行消除处理，便能解决问题，不会生成激发潜能（如动能、势能、化学能、热能等）的条件；有的则具有生成激发潜能的条件，便形成事故隐患，不进行整治或不采取有效安全措施，易导致事故的发生。

认识与掌握隐患的本质及运动规律，在征服事故中具有特定的地位。它能为客观地认识与治理隐患提供理论依据，从而确认隐患和隐患规律的概念，指导人们从本质上对事故进行超前有效预防和控制，达到征服事故的目的。

隐患有狭义和广义之分。狭义的隐患是指某一系统中的隐患。例如生产隐患是指生产实践异常运动的形式，交通隐患是指交通实践异常运动的形式。广义的隐患是指在自然界和人类社会中普遍存在的隐患，是人与物在其置于的系统中异常运动的形式。其中，人与物在其系统中的异常运动是隐患的内涵本质，异常运动的形式是隐患的外延现象。

长期以来人们对隐患的本质缺乏认识，众说不一。目前有代表性的认识有以下几种：有的把“事故未发生前所产生（或发现）的能导致人体伤害事故的不安全行为，或物的不安全状态，或管理制度上的缺陷”称为隐患；有的把“能导致事故发生的潜在危险”称为隐患；另外有些人习惯于把隐患称为事故隐患，也有称为安全隐患的。这说明人们对隐患的认识仍处于感性阶段。感性认识只能解决事物的现象问题，理性认识才能解决事物的本质问题。因此，对隐患的认识不能停留在感性认识阶段，只有揭示了隐患的本质及运动规律，确立了隐患和隐患规律概念并用于指导实践，才能获得超前有效预防、控制事故的效果。

综上所述，人与物的存在和运动是隐患产生的条件；其异常运动是隐患生存、发展的根据；其异常运动的形式是隐患的外延现象；其异常运动的灾变是隐患导致事故的结果。因而依据隐患的内在联系及运动规律，把隐患规律确认为是人与物在其时空内的异常运动，是从本质上对隐患导致事故的超前控制。

课堂讨论

你从这两幅图上发现了什么问题？

实训任务

日常生活中有哪些致命却易被忽视的安全隐患？试举例说明，并做成 PPT 汇报。

思考与练习题

1. 何谓安全？
2. 何谓安全隐患？
3. 根据安全的定义，分析安全的研究内容，并从定义上分析研究安全的目的。

任务二　生产中的安全管理

一、安全管理的定义

生产中的安全管理

安全管理：指针对人们生产过程的安全问题，运用有效的资源，发挥人们的智慧，通过人们的努力实现生产过程中人与机器设备、物料、环境的和谐，达到安全生产的目标。

安全管理主要是组织实施企业安全管理规划、指导、检查和决策，是保证生产处于最佳安全状态的根本环节。

二、安全管理的分类

1. 广义安全管理

广义安全管理是以宏观决策为主要手段，引导安全工作机制正常运行的方法、技术和方略的总称。

2. 狭义安全管理

狭义安全管理指企事业单位为实现安全生产而进行的具体的安全管理活动。

三、安全管理的对象

安全管理的对象是生产系统这个人机环境系统中的各个要素，包括人的系统、物的系统、能量系统、信息系统以及这些系统的协调组合。

1. 人的系统

人员管理是安全管理的核心，因此安全管理必须以人为根本，加强对人的系统的管理和控制。

2. 物的系统

物的系统包括生产作业环境中的机械设备、设施、工具、器件、构筑物、原材料、产品等一切物质实体和能量信息的载体。物的系统是生产的对象，也是发生事故的物质基础。

3. 能量系统

不同形式的能量具有不同的性质，通常能量通过运载体才能发生作用。实质上一切危害产生的根本动力在于能量，而不在于运载体。没有能量既不能做有用功，也不能做有害功。能量越大，能量失控所造成的后果也越严重。

4. 信息系统

信息是沟通各有关系统空间的媒介。从安全的观点看，信息也是一种特殊形态的能量，因为它具有引发、触动和诱导作用，可以开发、驱动另一空间超过自身无数倍的能量，实现某一宏伟计划，完成自身所不能完成的任务。

四、安全管理的主要任务

安全管理的主要任务是在贯彻执行国家安全生产法律法规、方针政策的前提下，分析、研究、评价企业生产建设过程中各种不安全因素，从组织、技术、管理、培训等方面采取措施，消除或控制危险源，预防事故发生或最大限度控制事故的影响范围及程度，实现最优化安全状态，为企业生产建设的顺利进行和经营目标的实现提供保障。

五、安全管理的基本职能

1. 计划职能

安全管理的计划职能，就是对安全工作做出规划和安排，依据企业的安全现状，确定安全目标，对安全措施、经费使用、技术开发、整改项目、安全检查、安全培训、教育等做出部署，制订方案。

2. 组织职能

安全管理的组织职能，就是为了保证安全计划目标的实现，将企业内部各种资源要素有效配置，并合理设置权力机构，优化组合各管理体系和劳动作业体系；规定各部门的权利、责任、义务及协作关系，使之形成有机的整体。

3. 指挥职能

安全管理必须建立统一、权威、高效的指挥系统，加强对企业各部门、各环节、生产全过程的指导和监督，做到令行禁止。

4. 激励职能

安全管理除了必要的行政强制外，还通过实行民主管理，开展劳动竞赛、技术比武，组织安全培训，实行结构工资、安全奖惩等手段，激发员工安全生产的积极性、主动性。

5. 控制职能

安全管理的控制职能主要是对人的不安全行为、物的不安全状况的控制，就是要检查和掌握安全生产的实际情况，并与安全目标、控制标准分析对比，及时发现问题，找出原因，采取措施整改。控制的工具是信息，要建立高效率的信息系统，疏通信息反馈渠道。

6. 协调职能

许多安全管理工作是在劳动管理、生产管理、设备管理、质量管理、技术管理和财务管理中进行的，应将各方面活动统一调节，使其不发生矛盾和脱节，建立良好的配合关系。

六、安全管理与生产的关系

1. 安全管理和经营决策的关系

安全管理要根据企业经营决策所确定的经营目标、计划以及具体生产任务，采取措施保证生产活动的安全，以保障企业经营决策的实施和经营目标的实现。因此，企业经营决策是安全管理开展的基础和前提，而安全管理是实现经营目标的保证。

从企业管理的角度来看，企业经营决策是企业管理的高层次，与安全管理之间是决策和执行的关系。安全管理对企业经营决策的实施起保证作用，处于执行的地位。

2. 安全管理与生产管理的关系

安全是组织生产活动、完成计划任务、实现经营目标的基础和前提，生产必须安全，安全为了生产，生产的发展又为安全水平的提高创造了条件。

安全管理是生产活动正常进行和生产要素不受意外损害的基本保证，它的产生和存在依赖于生产活动。因此，在企业管理中，安全管理与生产管理同处于执行地位，二者相互依存、相互制约、共同推进。

3. 安全管理与企业其他管理的关系

安全生产对企业各个管理子系统提出了要求，通过生产实践，又检验着各项管理工作的效果。企业要实现安全生产目标，各管理系统必须满足安全生产的要求，从而推动企业的其他管理。其他管理的加强又为安全生产创造了条件，保证了安全管理的有效进行。

由此可见，安全管理与企业其他管理在企业管理系统中同处于执行的地位，彼此保持着密切的内在联系，共同发展、共同提高。

七、安全管理的基本特性

1. 政策性

安全管理必须贯彻党和国家的安全生产方针，坚持“安全第一、预防为主、综合治理”，执行安全生产政策，用方针导向，靠政策管理。

2. 法规性

安全法规是指关于安全生产方面的各种规程、条例、决策、命令、规定、办法、技术标准等，它是人们在生产过程中的行为准则。

3. 权威性

根据“安全具有否决权”的原则和“强制”的观点，安全管理必须在实际工作中建立权威，做到有令则行，有禁则止。

4. 思想性

生产系统由人、事、物、环所组成，安全管理的重中之重是人，关键是做好人的思想工作，使人建立安全意识。

5. 科学性

安全管理按照客观规律办事，才能获得成功，达到应有的效果。

6. 全面性

安全管理是一个动态的管理过程，忽视任何一个方面都不行。

7. 复杂性

安全管理是一个由自然、社会、工程三大系统所组成的复杂而庞大的系统，涉及方方面面。安全管理工作具有复杂性，但有规律可循、有规章可依，是可以搞好的。

8. 长期性

生产的长期性决定了安全管理工作的长期性，因此，安全管理绝不是一时一事的工作，而是长期的工作。

9. 连续性

企业生产的连续性决定了安全管理的连续性，必须随时随地连续不间断地为实现安全生产做好安全管理工作。

10. 应急性

任何事故的出现都是具有随机性和偶然性的，发生问题时都必须有相应措施加以妥善处理。

八、安全管理的基本原理

1. 人本原理

人本原理即一切为了人、以人为根本的原理。在企业生产建设的整个过程中，人是最宝贵的，必须把职工的生命与健康作为根本，放在工作第一位来抓。

2. 系统原理

系统原理即把管理的对象看成一个有机的人、事、物、环统一系统，对问题的各方面和各种关系进行全面和系统的综合分析与研究，采取相应对策，体现为全企业、全部门、全过程、全员的安全管理。

3. 整分合原理

整分合原理即安全管理要构成有序的管理体系，各层次各司其职。下一层次要服从上一层次的管理，下一层次不能解决的问题由上一层次来协调解决。

4. 反馈原理

反馈原理即把安全管理工作的产出传输回来，以便及时调整，使工作达标。

5. 封闭原理

封闭原理即任何一个系统内的管理手段必须构成一个连续的封闭回路，这样才能有效地进行管理活动。

6. 统一原理

统一原理即在一定时空条件下，工作内容、法规、标准、制度必须统一，这样才能有效地进行工作。

7. 弹性原理

弹性原理即对待不同的条件有不同的措施，以达到安全管理应急性的需要，在保证安全的条件下，解决工作中的问题。

8. 动力原理

动力原理即安全管理要运用一些动力去推动工作有效地进行下去，如开展安全检查、进行竞赛活动、严格奖惩等。

课堂讨论

《钉子与王国》

——富兰克林

丢失一个钉子，坏了一只蹄铁；
坏了一只蹄铁，折了一匹战马；
折了一匹战马，伤了一位骑士；
伤了一位骑士，丢了一个口信；
丢了一个口信，输了一场战斗；
输了一场战斗，输了整场战役；
输了整场战役，亡了一个帝国。

结合本节课的内容，讨论这则寓言故事带给我们的启示。

实训任务

自己挑选一个发生在自己身上或身边的事故案例，结合所学知识，分析事故体现的安全管理特性，并说明可以利用哪些安全管理的基本原理来预防类似事故发生。

思考与练习题

1. 何谓安全管理？可以分为哪几类？
2. 安全管理的主要任务是什么？
3. 结合企业实际生产工作，分析安全管理与安全生产之间的关系。

任务三　能力实践——安全生产管理制度编制

一、为什么要编制安全生产管理制度

安全生产管理制度编制

制度是约束人行为的最底层法律文书，有了这样的文件，让企业每个员工去学习遵守，最终就可以规范员工的日常工作行为，从而避免或减少事故的发生。很多制度是从事故教训中总结出来的，是用鲜血和生命换来的真理，所以正因为有这些真理，才让我们认识到管理制度的重

要性和必要性，自觉地制定和规范企业内部管理制度。

1. 安全生产法律法规明确要求

《中华人民共和国安全生产法》(以下简称《安全生产法》)及相关的行业法规都明确要求企业制定安全生产责任制度和操作规程，并落实到人，从而规范企业安全生产基本管理制度。安全生产责任制度是企业安全管理中的一项责任文件，明确企业各部门各级人员必须履行的安全义务和责任，改变以往安全责任由企业或法人全部负责的局面。

2. 事故或事件教训总结出的经验

很多安全管理制度都是从事故或事件中总结出来的防范管理措施，正因为有了前车之鉴，才让企业考虑到用制度规范员工的工作行为，减少员工的"不安全行为"，避免安全事故的发生。

3. 实现企业管理标准化、规范化

为了提高企业的管理水平，企业安全各项管理形成标准化、规范化确有必要。为了实现这一目标，就要制定出相应的管理标准，并针对标准制定出相应的管理制度，让每一个员工按照标准要求规范自己的行为，提升自身的安全作业意识。

二、安全管理制度编制格式

要规范制度，使制度标准化，就要对制度编制的格式进行统一，形成程序化，具体包括以下几项。

① 目的。要写明编写本制度的目的，就是说明制度是做什么用的，能为企业做什么，规范哪些方面。

② 范围。就是本制度适用于哪些单位、部门以及哪些人员，包括空间范围，如全厂、全矿等。有些制度是适用某一特定的区域，所以要明确规定其适用的范围。

③ 定义。有时制度或规范中会存在一些一般员工不太了解的名称，在制度前面要加以定义或说明。

④ 相关法规或文件。这里指的是国家或地方法规，主要是依据哪些法规制定本制度的，主要是本制度不能违反相关法律法规。

⑤ 职责。要写清楚哪个部门做什么，哪些岗位做什么，领导有哪些职责，这些内容要与企业制定的安全生产责任制度相对应。

⑥ 规定或程序。要写明制度的细化问题，包括如何规定，如何执行，执行时需要保留哪些相关制度等，必要时还可以举例子。

⑦ 引用文件。有时制度内容会引用企业内部的制度或文件，在这一部分就写出引用文件或制度的名称。

⑧ 记录。也称为附件，就是要留有相关记录，各部门应提供统一格式的记录文件，保证记录的规范化、统一化。

三、安全管理制度编制要求

制度不是为了制定而制定，而是要适用，没有用的制度只是浪费人力、物力和财力，没有正面的反应。一旦出问题，编制和审核人员还是问题的制造者。因此，编制制度应满足以下四点：

① 写出已有的好的习惯性行为，用于教育新进人员，保证现有文化或文明行为得以

延续。

② 工作需要规范的，应结合操作规程或设备说明及类似的案例教育，用统一格式加以规范。

③ 写出自己想做的，保证做到自己所写的。

④ 不得与相关法律法规相抵触。

四、安全管理制度举例

自然灾害救助条例

1. 安全生产责任制度

安全生产责任制度是最基本的安全管理制度，是所有安全管理制度的核心，是“企业负责”的具体落实。安全生产责任制度，要按照岗位、职能、权利和责任相统一的原则，明确各级负责人、职能机构和各岗位人员所承担的安全生产责任和义务；要将企业、部门或单位的全部安全生产责任逐项分解，逐级落实到各岗位和人员。安全生产责任制度的实质是“安全生产、人人有责”。

企业应遵循“横向到边、纵向到底”的原则建立安全生产责任管理体系。纵向上，从安全生产第一责任人到最基层，其安全生产组织管理体系可分为若干个层次。横向上，企业又可分为生产、经营、技术、教育等系统，而生产又有设备、动力等部门。部门负责可以有效地调动各个系统的主管领导搞好分管范围内安全生产的积极性，形成人人重视安全、人人管理安全的局面。

2. 安全目标管理制度

安全目标管理制度是依据政府有关部门或上级下达的安全指标，结合实际制定年度或阶段安全生产目标，并将指标逐层分解，明确责任、保证措施、考核和奖惩办法。安全目标管理以企业总的安全目标为基础，定性、定量地逐级分解，使上下目标明确化、具体化、程序化；使上下、左右关系协调，并把企业每个职工科学地组织在目标体系中，使之明确自己在目标体系中所处的地位、承担的责任和应发挥的作用。当每个人都实现了个人目标时，系统也就圆满地实现了总目标。其实质是系统的、动态的、重视人、激励人、充分调动人的主观能动性的管理。安全目标管理有助于提高安全工作效率，有利于实现全员安全管理，促进职工素质的提高，促进企业安全基础工作的改善，促进安全工作的持续健康发展。

3. 安全奖惩制度

安全奖罚制度必须兼顾责任、权利、义务，规定明确，奖罚分明；明确奖罚的项目、标准和考核办法。其目的在于实行安全否决权，鼓励先进、鞭策落后，鼓励职工为搞好安全生产献计出力。安全生产奖惩制度是搞好安全生产不可缺少的重要安全管理制度，它既兼顾了职工在安全方面的责任、权利和义务，又运用经济、行政、安全制约和激励机制等手段，体现了奖优罚劣、奖罚对应的公正性与严肃性，同时还具有一定的规范性和可操作性。

4. 安全技术措施审批制度

安全技术措施审批制度要确定各类工程设计、作业规程、安全措施和方案等安全技术审批的内容、程序、标准、时限、审批级别；审批人员职别和资格，编制、审核、审批人员的职责、权限和义务。安全技术审批应保证依据充分、正确，内容全面、具体，安全措施可靠，能够有效指导生产施工、作业和操作。

5. 安全监督检查制度

安全监督检查制度应能保证有效地监督安全生产规章制度、规程、标准、规范等的执行情况；明确安全检查的周期、内容、检查标准、检查方式，负责组织检查的部门和人员，对检查结果的处理办法。对查出的问题和隐患应按“四定”原则（定项目、定人员、定措施、定时间）落实处理，并将结果进行通报及存档备案。

6. 安全办公会议制度

安全办公会议制度要明确安全办公会议的召开周期、内容、主持人和参加人员，会议应当有完整的记录，载明议定的事项、决定以及落实的人员、措施和期限。会议记录应纳入档案管理。

7. 安全生产现场管理制度

生产企业要建立健全安全生产现场管理制度。该制度要符合现场安全生产管理的相关要求，要明确现场管理人员的职责、权限，现场管理内容和要求以及现场应急处置等方面的内容。

8. 安全质量标准化管理制度

安全质量标准化管理制度要明确年度达标计划和考核标准，明确检查周期、考核评级、奖惩办法、组织检查的部门和人员等方面的内容。

9. 安全教育与培训制度

安全教育与培训制度应保证企业职工掌握本职工作应具备的法律法规知识、安全知识、专业技术知识和操作技能；明确企业职工教育与培训的周期、内容、方式、标准和考核办法；明确相关部门安全教育与培训的职责和考核办法；明确年度安全生产教育与培训计划，确定任务，保证安全培训的条件，落实费用。

10. 事故应急救援制度

事故应急救援制度要制订事故应急救援预案，明确发生事故后的上报时限、上报部门、上报内容、应采取的应急救援措施等。

11. 安全操作规程管理制度

操作规程要涵盖从进入操作现场、操作准备到操作结束和离开操作现场全过程的各个操作环节。要分别制定各工种的岗位操作规程，明确各工种、岗位对操作人员的基本要求、操作程序和标准，明确违反操作程序和标准可能导致的危险和危害。

任务四　能力实践——安全生产管理机构及管理岗位设置

生产经营单位的安全生产管理必须有组织上的保障，否则安全生产管理工作就无从谈起。所谓组织保障，主要包括两方面：一是安全生产管理机构的保障；二是安全生产管理人员的保障。

安全生产管理机构及管理岗位设置

一、安全生产管理机构定义

安全生产管理机构指的是生产经营单位专门负责安全生产监督管理的内设机构，其工作人员都是专职安全生产管理人员。安全生产管理机构的作用是落实国家有关安全生产法律、法规，组织生产经营单位内部的各种安全检查活动，监督安全生产责任制的落实情况等。

安全生产管理人员是指在生产经营单位从事安全生产管理工作的专职或兼职人员。在生产经营单位专门从事安全生产管理工作的人员是专职安全生产管理人员；在生产经营单位既承担其他工作职责同时又承担安全生产管理职责的人员则为兼职安全生产管理人员。

安全生产管理人员是国家相关安全生产法律、法规、方针、政策在本单位的具体贯彻执行者，是单位安全生产规章制度的具体落实者。这里讲的安全生产管理人员，是指所有从事安全生产管理人员的总称，它既包括安全生产管理机构的负责人，也包括生产经营单位主管安全生产的负责人；既指专职的安全生产管理人员，也指兼职的安全生产管理人员。安全生产管理人员的作用是落实国家有关安全生产的法律法规，组织生产经营单位内部各种安全检查活动，负责日常安全检查，及时整改各种事故隐患，监督安全生产责任制的落实，等等。

二、安全生产管理机构设置要求

《安全生产法》第二十四条规定："矿山、金属冶炼、建筑施工、运输单位和危险物品的生产、经营、储存、装卸单位，应当设置安全生产管理机构或者配备专职安全生产管理人员。前款规定以外的其他生产经营单位，从业人员超过一百人的，应当设置安全生产管理机构或者配备专职安全生产管理人员；从业人员在一百人以下的，应当配备专职或者兼职的安全生产管理人员。"

三、安全生产管理机构设置原则

① 相应性原则：与行政机构相匹配，可根据年度机构调整情况对安全机构做相应调整。

② 分级设立的原则：设立的安全机构为厂（矿）级，部门、车间级，班组（工段）级。

③ 首长负责制原则：各级安全机构的第一责任者，即各部门首长。

④ 设立常务管理机构的原则：一般设立专门的安监科或由专业管理部门作为兼管的常务管理机构。

⑤ 职能全面的原则：企业安全机构设置应覆盖包括厂（矿）内的所有工种、科室及车间。

四、安全生产管理岗位主要职责

① 贯彻执行国家安全生产方针、政策、法规。

② 建立健全安全管理机构、配备安全管理人员。

③ 建立健全以安全生产责任制为核心的各项安全生产管理制度。

④ 严格安全检查、监督和内部监察。

⑤ 编制并落实安全技术措施计划（安全规划、安全技术措施工程计划、灾害预防与处理计划等）。

⑥ 坚持"三同时"原则，严格工程质量检查验收。

⑦ 加强标准化（设备完好标准、岗位作业标准等）建设。

⑧ 开展安全技术教育培训工作。

⑨ 安全信息和安全档案建设。

⑩ 应急救援及事故的报告、抢救、调查、结案处理和统计分析。

⑪ 促进工业卫生、劳动保护和环境保护工作。

⑫ 及时总结安全生产经验和事故教训。

五、安全生产管理人员素质要求

安全生产管理的本质是一种安全文化。安全生产管理人员的安全文化素质高低往往决定着一个企业安全管理的成败。安全文化素质包括个人的素养和作风。素养是指人的修养；作风是反映人们对安全文化的行为和态度。素养是基础，作风是外在形式。人们往往根据安全管理人员的工作作风来评价他们的素养。一般认为，现代安全管理人员应具备的安全文化素养和作风有：

① 有较高的管理素质和求真务实的作风。作为一个安全生产责任管理者，首先要能正确处理安全与生产的辩证关系，重视以人为中心的安全管理，在安全生产问题上能正确使用决策权、否决权、惩罚权，在机构、人员、资金、执法、地位上为安全生产提供保障；各级人员各负其责，提高分管业务的安全工作素质，具有安全生产决心和基础工作扎实的作风。否则，安全管理一团糟，矛盾纠纷层层绕。

② 较强的业务能力素质和雷厉风行的作风。主要表现为要有足够的安全法规体系知识，有多学科安全相关技术知识，有适应安全工作需要的应付突发事件能力的素质，有解决安全问题说干就干、不拖泥带水的精神。安全工作有别于其他管理工作，无“返程券”、无“后悔药”，知识在这里就是生命的“护身符”和“挡火墙”。另外，知而不为本身就是一种风险。

③ 有良好的政治素质和真抓实干的作风。作为一名安全工作者，要有强烈的忧患意识，高度的事业心、责任感，良好的职业道德，不断进取、开拓、创新和实实在在工作的实干精神。只有拥有这样的态度，安全工作的基石才能夯实打牢，只有选择这样的安全工作者，企业的利益、人民的财产才能得到最大限度的保障。

六、企业安全生产管理岗位举例

按照安全生产方针和“管生产必须管安全”“谁主管安全谁负责安全”的原则，对各级管理人员、各职能部门及其工作人员和岗位生产人员在安全管理方面应做的事情和应负的责任都有明确规定。

企业的法定代表人（含董事长、总经理）是企业安全生产的第一责任人；董事长对本企业的安全生产工作负责；各级主要负责人对本单位的安全生产工作负责，技术负责人对本单位的安全技术工作负责。各级职能机构对其职责范围内的安全生产工作负责。这是企业制定安全生产责任制的基本原则。企业各级各类人员的安全生产职责如下。

1. 企业法定代表人的安全生产职责

董事长、总经理是企业安全生产第一责任人，对企业安全生产工作负全面领导责任，其职责为：

① 认真贯彻执行《安全生产法》。

② 制定本企业安全生产管理制度。

③ 根据需要配备合格的安全管理人员，对每个作业场所进行跟班检查。

④ 采取有效措施，改善职工劳动条件，保证安全生产所需要的材料、设备、仪器和劳动防护用品的及时供应。

⑤ 对职工进行安全教育培训。

⑥ 制订灾害的预防和应急计划。

⑦ 及时采取措施，处理企业存在的事故隐患。

⑧ 及时、如实地向安全生产监督管理部门和企业主管部门报告企业事故，并积极组织抢救。

2. 主管安全生产的企业副职领导的安全生产职责

① 协助企业法定代表人具体抓好企业的安全生产工作。

② 对企业安全生产工作负直接领导责任。

3. 分管其他方面的企业副职领导的安全生产职责

对其分管工作中涉及安全生产的内容负责。

4. 各级总工程师的安全生产职责

各级总工程师对企业安全生产负技术责任。

5. 班组长的安全生产职责

贯彻执行企业对安全生产工作的要求，遵守本企业规章制度，严格执行《安全生产法》、作业规程和安全操作规程，对本班组的安全生产负全面责任。主要职责是：

① 组织本班组职工学习、贯彻本企业的安全生产制度、安全操作规程和作业规程；教育职工遵章守纪，发现违章及时纠正；对新工人进行安全教育。

② 作业前和作业中，对工作区域内进行安全检查，发现隐患及时处理，不能处理的要及时报告。

③ 督促本班组工人正确佩戴劳动防护用品。

④ 发生事故应及时组织抢救，保护现场，立即报告。

⑤ 搞好生产设备和安全设备的维护与保养，使设备不带故障运转。

⑥ 认真执行交接班制度，交接班要交接安全情况。

⑦ 认真组织施工，保证工程质量，做到文明生产。

6. 安全员的安全生产职责

① 组织学习有关安全生产的规章制度，监督检查工人遵守规章制度和劳动纪律情况。

② 经常检查设备设施和工作地点的安全状况。

③ 组织分析伤亡事故的原因，采取防范措施。

④ 发现危及人身安全的紧急情况时，有权停止其作业，并立即报告班组长处理。

⑤ 教育职工正确使用个人防护用品。

《普通行业主要负责人、安全生产管理人员安全生产培训大纲和考核标准》(DB 23/T 2297—2019)

项目二　危险、危害因素分析

走进课堂

根据我国的统计资料，每年由于劳动工伤、交通事故、火灾三大意外事故死亡7万～10万人，其中交通事故占80%以上。值得注意的是，我国目前还缺乏对家庭、学校等生活领域的意外事故的统计。按照一些发达国家的统计结论，生活意外事故导致的生命风险是生产性意外事故的2～3倍。相比传统生活方式，因为人为疏忽或者风险意识较低，现代生活方式对人为意外事故更为敏感，意外事故发生后可能造成的损失更加难以控制。经验证明，现代生活中的意外事故，随着新技术的广泛应用和生活方式及内容的不断变化，已成为人们最为烦恼的事情之一。

在日常生活中，为什么会出现危险因素？应该如何预防控制这些危险因素，避免意外事故的发生呢？

任务一　危险、危害因素产生原因分析

一、危险因素与危害因素的定义

危险、危害因素产生原因分析

危害是指可能造成人员伤害、职业病、财产损失、作业环境破坏的根源或状态。危险是指特定危险事件发生的可能性与后果的结合。总的说来，危险、危害因素是指能造成人员伤亡或影响人体健康、导致疾病和对物造成突发性或慢性损坏的因素。

为了区别客体对主体不利作用的特点和效果，通常将其分为危险因素（强调突发性和瞬间作用）和危害因素（强调在一定时间范围内的积累作用）。有时对两者不加以区分，统称危险、危害因素。客观存在的危险、危害物质或能量超过临界值的设备、设施和场所，都可能成为危险、危害因素。

二、危险、危害因素产生原因

所有危险、危害因素尽管表现形式不同，但从本质上讲，之所以能造成危险、危害后果（伤亡事故、损害人身健康和物的损坏等）均可归结为存在能量、有害物质和能量、有害物质失去控制两方面因素的综合作用，并导致能量的意外释放或有害物质泄漏、散发的结果。故存在能量、有害物质和失控是危险、危害因素产生的根本原因，都是危险、危害因素。

1. 能量、有害物质

能量、有害物质是危险、危害因素产生的根源，也是最根本的危险、危害因素。一般来说，系统具有的能量越大、存在的有害物质的数量越多，系统的潜在危险性和危害性也越大。只要进行生产活动，就需要相应的能量和物质（包括有害物质），因此所产生的危险、危害因

素是客观存在的，是不能完全消除的。

(1) 能量

能量就是做功的能力，它既可以造福人类，也可以造成人员伤亡和财产损失；一切产生、供给能量的能源和能量的载体在一定条件下都可能是危险、危害因素。

例如，锅炉、爆炸危险物质爆炸时产生的冲击波、温度和压力，高处作业(或吊起的重物等)的势能，带电导体上的电能，行驶车辆(或各类机械运动部件、工件等)的动能，噪声的声能，激光的光能，高温作业及剧烈热反应工艺装置的热能，各类辐射能等，在一定条件下都能造成各类事故。静止的物体棱角、毛刺、地面等之所以能伤害人体，也是人体运动、摔倒时的动能、势能所造成的。这些都是由于能量意外释放形成的危险因素。

(2) 有害物质

有害物质在一定条件下能损伤人体的生理机能和正常代谢功能，破坏设备和物品的效能，也是最根本的危害因素。

例如，作业场所中由于有毒物质、腐蚀性物质、有害粉尘、窒息性气体等有害物质的存在，当它们直接、间接与人体与物体发生接触，能导致人员的死亡、职业病、伤害、财产损失或环境的破坏等，都是危害因素。

2. 失控

在生产中，人们通过工艺和工艺装备使能量、物质(包括有害物质)按人们的意愿在系统中流动、转换，进行生产；同时又必须约束和控制这些能量及有害物质，消除、减弱产生不良后果的条件，使之不能发生危险、危害后果。如果发生失控(没有控制、屏蔽措施或控制、屏蔽措施失效)，就会发生能量、有害物质的意外释放和泄漏，从而造成人员伤害和财产损失。所以失控也是一类危险、危害因素，它主要体现在设备故障(或缺陷)、人员失误和管理缺陷三个方面，并且三者之间是相互影响的。它们大部分是一些随机出现的现象和状态，很难预测它们何时、何地、以何种方式出现，是决定危险、危害发生的条件和可能性的主要因素。

(1) 故障(包括生产、控制、安全装置和辅助设施等)

故障(含缺陷)是指系统、设备、元件等在运行过程中由于性能(含安全性能)低下而不能实现预定功能(包括安全功能)的现象。在生产过程中故障的发生是不可避免的，迟早都会发生；故障的发生具有随机性、渐近性或突发性，故障的发生是一种随机事件。造成故障发生的原因很复杂，涉及认识程度、设计、制造、磨损、疲劳、老化、检查和维修保养、人员失误、环境、其他系统的影响等。但故障发生的规律是可知的，通过定期检查、维修保养和分析总结可使多数故障在预定期间内得到控制(避免或减少)。掌握故障发生规律和故障率是防止故障发生造成严重后果的重要手段，这需要应用大量统计数据和概率统计的方法进行分析、研究。

系统发生故障并导致事故发生的危险、危害因素主要表现在发生故障、误操作时的防护、保险、信号等装置缺乏、缺陷和设备在强度、刚度、稳定性、人机关系上有缺陷两方面。

例如，电气设备绝缘损坏、保护装置失效造成漏电伤人，短路保护装置失效又造成交配电系统的破坏；控制系统失灵使化学反应装置压力升高，卸压安全装置故障使压力进一步上升，导致压力容器破裂、有毒物质泄漏散发、爆炸危险气体泄漏爆炸，造成巨大的伤亡和财产损失；管道阀门破裂、通风装置故障使有毒气体侵入作业人员呼吸带；超载限制或起升限位安全装置失效使钢丝绳断裂、重物坠落；围栏缺损、安全带及安全网质量低劣为高处坠落事故提供了条件等，都是故障引起的危险、危害因素。

(2) 人员失误

人员失误泛指不安全行为中产生不良后果的行为，即职工在劳动过程中违反劳动纪律、操作程序和方法等具有危险性的做法。人员失误在一定经济、技术条件下，是引发危险、危害因素的重要因素。人员失误在生产过程中是不可避免的。它具有随机性和偶然性，往往是不可预测的意外行为，但发生人员失误的规律和失误率通过大量的观测、统计和分析是可以预测的。

我国 GB 6441—1986 附录中将不安全行为归纳为操作失误(忽视安全、忽视警告)、造成安全装置失效、使用不安全设备、手代替工具操作、物体存放不当、冒险进入危险场所、攀坐不安全位置、在吊物下作业(停留)、机器运转时加油(修理、检查、调整、清扫等)、有分散注意力行为、忽视使用必须使用的个人防护用品或用具、不安全装束、对易燃易爆等危险品处理错误等 13 类。

如误合开关使检修中的线路或电气设备带电、使检修中的设备意外启动；未经检测或忽视警告标志，不配戴呼吸器等护具进入缺氧作业、有毒作业场所；注意力不集中，反应釜压力越限时开错阀门使有害气体泄漏；汽车起重机吊装作业时吊臂误触高压线；不按规定穿戴工作服(帽)使头发或衣袖卷入运动工件；吊索具选用不当、吊重绑挂方式不当，使钢丝绳断裂、吊重失稳坠落等，都是人员失误形成的危险、危害因素。

(3) 管理缺陷

职业安全卫生管理是为保证及时、有效地实现目标，在预测、分析的基础上进行的计划、组织、协调、检查等工作，是预防事故、人员失误的有效手段。管理缺陷是造成失控的重要因素。

(4) 环境因素

温度、湿度、风雨雪、照明、视野、噪声、振动、通风换气、色彩等环境因素都会引起设备故障或人员失误，也是发生失控的间接因素。

课堂讨论

在教室上课期间，可能存在哪些危险、危害因素？

实训任务一

找出校园中可能存在的危险因素和危害因素，并运用已学知识分析这些危险、危害因素产生的原因。

实训任务二

到实习工厂参观学习，找出存在的危险、危害因素，并说明其产生的原因。

思考与练习题

1. 何谓危险因素？何谓危害因素？二者之间的区别是什么？
2. 危险、危害因素产生的原因有哪些？

任务二　辨识危险、危害因素类别

一、按导致事故和职业危害的原因分类

辨识危险、危害因素类别

按导致事故和职业危害的直接原因进行分类，共分为6类。

1. 物理性危险源

① 设备、设施缺陷。包括强度不够、刚度不够、稳定性差、密封不良、应力集中、外形缺陷、外露运动件、制动器缺陷、设备设施其他缺陷。如脚手架的支撑架强度、刚度不够，厂内机动车辆制动不良，起吊钢丝绳磨损严重。

② 防护缺陷。包括无防护、防护装置和设施缺陷、防护不当、支撑不当、防护距离不够、其他防护缺陷。如传动链条无防护罩、爆破作业安全距离不够。

③ 电危害。包括带电部位裸露、漏电、雷电、静电、电火花、其他电危害。如电线接头未包扎、化纤服装在易燃易爆环境中产生静电。

④ 噪声危害。包括机械性噪声、电磁性噪声、液体动力性噪声、其他噪声。如手风钻、空压机、通风机工作时产生噪声。

⑤ 振动危害。包括机械性振动、电磁性振动、液体动力性振动、其他振动。如手风钻工作时的振动。

⑥ 电磁辐射。包括电离辐射：X射线、γ射线、α粒子、β粒子、质子、中子、高能电子束等；非电离辐射：紫外线、激光、射频辐射、超高压电场。如核子密度仪、激光导向仪发出的辐射。

⑦ 运动物危害。包括固体抛射物、液体飞溅物、反弹物、岩土滑动、堆料垛滑动、气流卷动、冲击地压、其他运动危害。

⑧ 明火。

⑨ 能造成灼伤的高温物质。包括高温气体、高温固体、高温液体、其他高温物质。如气割产生的高温颗粒。

⑩ 能造成冻伤的低温物质。包括低温气体、低温固体、低温液体、其他低温物质。如液化氮、氧气泄漏。

⑪ 粉尘与气溶胶。不包括爆炸性、有毒性粉尘与气溶胶。如洞内二氧化硅粉尘。

⑫ 作业环境不良。包括基础下沉、安全过道缺陷、采光照明不良、有害光照、通风不良、缺氧、空气质量不良、给排水不良、涌水、强迫体位、气温过高、气温过低、气压过高、气压过低、高温高湿、自然灾害、其他作业环境不良。

⑬ 信号缺陷。包括无信号设施、信号选用不当、信号位置不当、信号不清、其他信号缺陷。

⑭ 标志缺陷。包括无标志、标志不清楚、标志不规范、标志选用不当、标志位置缺陷、其他标志缺陷。

⑮ 其他物理性危险因素与危害因素。

2. 化学性危险因素与危害因素

① 易燃易爆性物质。包括易燃易爆性气体、易燃易爆性液体、易燃易爆性粉尘与气溶胶、其他易燃易爆性物质。如火工品、瓦斯。

② 自燃性物质。如煤。

③ 有毒物质。包括有毒气体、有毒液体、有毒固体、有毒粉尘与气溶胶、其他有毒物质。如沥青熔化过程中产生的毒气。

④ 腐蚀性物质。包括腐蚀性气体、腐蚀性液体、腐蚀性固体、其他腐蚀性物质。如充电液中的硫酸。

⑤ 其他化学性危险因素与危害因素。

3. 生物性危险因素与危害因素

① 致病微生物。包括细菌、病毒、其他致病微生物。

② 传染病媒介物。

③ 致害动物。

④ 致害植物。

⑤ 其他生物性危险因素与危害因素。

4. 心理、生理危险因素与危害因素

① 负荷超限。包括体力负荷超限、听力负荷超限、视力负荷超限、其他负荷超限。

② 健康状况异常。

③ 从事禁忌作业。

④ 心理异常。包括情绪异常、冒险心理、过度紧张、其他心理异常。

⑤ 辨识功能缺陷。包括感知延迟、辨识错误、其他辨识功能缺陷。

⑥ 其他心理、生理性危险因素与危害因素。

5. 行为性危险因素与危害因素

① 指挥错误。包括指挥失误、违章指挥、其他指挥失误。

② 操作失误。包括误操作、违章作业、其他操作失误。

③ 监护失误。

④ 其他错误。

6. 其他行为性危险因素与危害因素

略。

二、按事故类别、职业病类别分类

参照事故类别和职业病类别进行分类，共分为 20 类。

① 物体打击，是指失控物体的惯性力造成人身伤亡事故。如落物、滚石、锤击、碎裂、砸伤和造成的伤害，不包括机械设备、车辆、起重机械、坍塌、爆炸引发的物体打击。

② 车辆伤害，是指本企业机动车辆引起的机械伤害事故。如机动车在行驶中的挤、压、撞车或倾覆等事故，在行驶中上下车、搭乘电瓶车、矿车或放飞车引起的事故，以及车辆挂钩、跑车事故。

③ 机械伤害，是指机械设备与工具引起的绞、碾、碰、割、戳、切等伤害。如工具或刀具飞出伤人、切削伤人、手或身体被卷入、手或其他部位被刀具碰伤、被转动的机具缠压住等，不包括车辆、起重机械引起的伤害。

④ 起重伤害，是指从事各种起重作业时引起的机械伤害事故。不包括触电、检修时制动失灵引起的伤害，上下驾驶室时引起的坠落。

⑤ 触电，指电流流经人身，造成生理伤害的事故，包括雷击伤亡事故。

⑥ 淹溺，包括高处坠落淹溺，不包括矿山、井下、隧道、洞室透水淹溺。

⑦ 灼烫，是指火焰烧伤、高温物体烫伤、化学灼伤（酸、碱、盐、有机物引起的体内外灼伤）、物理灼伤（光、放射性物质引起的体内外灼伤），不包括电灼伤和火灾引起的烧伤。

⑧ 火灾，指造成人员伤亡的企业火灾事故，不包括非企业原因造成的火灾。

⑨ 高处坠落，是指在高处作业中发生坠落造成的伤亡事故，包括脚手架、平台、陡壁施工等高于地面和坠落，也包括由地面坠入坑、洞、沟、升降口、漏斗等情况，不包括触电坠落事故。

⑩ 坍塌，是建筑物、构筑物、堆置物等倒塌以及土石塌方引起的事故。适用于因设计或施工不合理而造成的倒塌，以及土方、岩石发生的塌陷事故。如建筑物倒塌、脚手架倒塌，挖掘沟、坑、洞时土石塌方等情况，不适用于矿山冒顶片帮和爆炸、爆破引起的坍塌。

⑪ 冒顶片帮，指隧道、洞室矿井工作面、巷道侧壁由于支护不当、压力过大而造成的坍塌（称为片帮）；拱部、顶板垮落（称为冒顶）。二者常同时发生，简称冒顶片帮。

⑫ 透水，指矿山、地下隧道、洞室开采或其他坑道作业时，意外水源带来的伤亡事故。

⑬ 放炮，是指爆破作业中发生的伤亡事故。

⑭ 瓦斯爆炸，指可燃性气体瓦斯、煤尘与空气混合形成了达到燃烧极限的混合物，接触火源时，引起的化学性爆炸事故。

⑮ 火药爆炸，是指火药、炸药及其制品在生产、加工、运输、储存中发生的爆炸事故。

⑯ 锅炉爆炸，指锅炉发生的物理性爆炸事故。

⑰ 容器爆炸。容器（压力容器、气瓶的简称）是指比较容易发生事故，且事故危害性较大的承受压力载荷的密闭装置。容器爆炸是指压力容器破裂引起的气体爆炸（即物理性爆炸）。包括容器内盛装的可燃性液化气在容器破裂后立即蒸发，与周围的空气形成爆炸性气体混合物，遇到火源时形成的化学爆炸，也称容器的二次爆炸。

⑱ 其他爆炸，不属于上述爆炸的事故。

⑲ 中毒和窒息，指人体接触有毒物质，如误吃有毒食物或呼吸有毒气体引起的人体急性中毒事故，或在废弃的坑道、横通道、暗井、涵洞、地下管道等不通风的地方工作，因为氧气缺乏有时会发生突然晕倒，甚至死亡的事故称为窒息。不适用于病理变化导致的中毒和窒息事故，也不适用于慢性中毒和职业病导致的死亡。

⑳ 其他伤害，凡不属于上述伤害的事故均称为其他伤害。如扭伤、跌伤、冻伤、野兽咬伤、钉子扎伤等。

三、参照原卫生部、原劳动部、全国总工会等颁发的《职业病范围和职业病患者处理办法的规定》划分

将危害因素分为生产性粉尘、毒物、噪声与振动、高温、低温、辐射（电离辐射、非电离辐射）、其他有害因素 7 类。

工贸企业有限空间作业安全规定

课堂讨论

某大型工程已施工数年，目前正在施工的有水下穿越工程、桥梁和一条 500 m 长的石质山体隧道及一段明渠开挖工程。工程需要完成大量土石方开挖和混凝土构筑。施工过程需要使用机械设备、用电设备和运输设备等。

分析该施工阶段存在哪些物理性和化学性危险和有害因素。

实训任务

生活中处处存在危险，我们需要小心谨慎地处理好每件事情。地震、海啸、泥石流，这些令人毛骨悚然的自然灾害是人们防范的重点对象。可是，在日常的生活中，也潜伏着巨大隐患。自己挑选一个发生在自己身上或者身边的事故案例，找出事故中存在的危险、危害因素，并说明其具体类别。

思考与练习题

1. 按导致事故和职业危害和直接原因进行分类，可以将危险、危害因素分为哪几类？
2. 心理、生理危险因素与危害因素包括哪些？

案例分析题

2013 年 6 月 3 日，在长春市西五马路和新民胡同交会处一间平房发生火灾，一个女孩儿因窒息而身亡。

当时，女孩儿的奶奶因为要出去买菜，而将 11 岁的孙女反锁在家中。在奶奶出去大约 30 min 后，家里出事了。家里唯一带有电源的电视机在电光火石间蹿出了火苗。起初，女孩儿还没有察觉到灾难的发生，直至屋子里产生微细烟雾时，她才发觉。她大声向外界求助：“救命啊，着火啦，着火啦！”周边的邻居听见求救声后，立刻拨打了 119，同时也联系了女孩儿的奶奶。

20 min 后灭火行动结束了。女孩儿被消防员抬了出来，却被烈火烧得辨不清是男是女。女孩儿的奶奶见到这一幕，当场就晕了过去。周围的邻居们都说：“小姑娘不容易啊，如果当时她能够用湿毛巾捂住口鼻，或许就能逃过一劫啊。”“他家住在三楼，要是没安装护栏，或许孩子就能跳楼逃生了。”“……”消防车在一片惋惜悲痛声中驶向远方……

1. 对此事故的原因进行分析。
2. 防止此类事故再次发生的措施是什么？

任务三　危险、危害因素的辨识

一、危险、危害因素辨识原则

危险、危害因素的辨识

1. 科学性

危险、危害因素的识别是分辨、识别、分析确定系统内存在的危险，而并非研究防止事故发生或控制事故发生的实际措施。它是预测安全状态和事故发生途径的一种手段，这就要求进行危险、危害因素识别必须有科学的安全理论作指导，使之能真正揭示系统安全状况危险、危害因素存在的部位、存在的方式，事故发生的途径及变化的规律，并予以准确描述，以定性、定量的概念清楚地显示出来，用严密的、合乎逻辑的理论予以解释清楚。

2. 系统性

危险、危害因素存在于生产活动的各个方面，因此要对系统进行全面、详细的剖析，研究系统与系统及子系统之间的相关和约束关系。分清主要危险、危害因素及其相关的危险、危害性。

3. 全面性

识别危险、危害因素时不要发生遗漏，以免留下隐患，要从厂址、自然条件、总图运输、建(构)筑物、工艺过程、生产设备装置、特种设备、公用工程、安全管理系统、设施、制度等各方面进行分析、识别；不仅要分析正常生产运转、操作中存在的危险、危害因素，还要分析、识别开车、停车、检修、装置受到破坏及操作失误情况下的危险、危害性。

4. 预测性

对于危险、危害因素，还要分析其触发事件，亦即危险、危害因素出现的条件或设想的事故模式。

二、危险、危害因素辨识顺序

危险、危害因素的识别尽管在现代企业千差万别，但如果能够通过事先对危险、危害因素识别，找出可能存在的危险、危害，就能够对所存在的危险、危害采取相应的措施(如修改设计、增加安全设施等)，从而大大提高系统的安全性。在进行危险、危害因素的识别时，要全面、有序地进行，防止出现漏项，宜从厂址、总平面布置、道路运输、建(构)筑物、生产工艺、物流、主要设备装置、作业环境、安全措施管理等几方面进行。

① 厂址：从厂址的工程地质、地形地貌、水文、气象条件、周围环境、交通运输条件、自然灾害、消防知识等方面分析、识别。

② 总平面布置：从功能分区、防火间距和安全间距、风向、建筑物朝向、动力设施(氧气站、乙炔气站、压缩空气站、锅炉房、液化石油气站等)、道路、储运设施等方面进行分析、识别。

③ 道路及运输：从运输、装卸、消防、疏散、人流、物流、平面交叉运输和竖向交叉运输等几方面进行分析、识别。

④ 建(构)筑物：从厂房的生产火灾危险性分类、耐火等级、结构、层数、占地面积、防火间距、安全疏散等方面进行分析识别。从库房储存物品的火灾危险性分类、耐火等级、结构、层数、占地面积、安全疏散、防火间距等方面进行分析识别。

⑤ 工艺过程：对新建、改建、扩建项目设计阶段危险、危害因素的识别。

a. 对设计阶段是否通过合理的设计进行考查，尽可能从根本上消除危险、危害因素。

b. 当消除危险、危害因素有困难时，对是否采取了预防性技术措施进行考查。

c. 在无法消除危险或危险难以预防的情况下，对是否采取了减少危险、危害的措施进行考查。

d. 在无法消除、预防、减弱的情况下，对是否将人员与危险、危害因素隔离等进行考查。

e. 当操作者失误或设备运行达到危险状态时，对是否能通过联锁装置来终止危险、危害的发生进行考查。

f. 在易发生故障和危险性较大的地方，对是否设置了醒目的安全色、安全标志和声光警示装置等进行考查。

⑥ 生产设备、装置：对于工艺设备可从高温、低温、高压、腐蚀、振动、关键部位的备用设备、控制、操作、检修和故障、失误时的紧急异常情况等方面进行识别。对机械设备可从运动零部件和工件、操作条件、检修作业、误运转和误操作等方面进行识别。对电气设备可从触电、断电、火灾、爆炸、误运转和误操作、静电、雷电等方面进行识别。另外，还应注意识别高处作业设备、特殊单体设备(如锅炉房、乙炔站、氧气站)等的危险、危害因素。

⑦ 作业环境：注意识别存在毒物、噪声、振动、高温、低温、辐射、粉尘及其他有害因素的作业部位。

⑧ 安全管理措施：可以从安全生产管理组织机构、安全生产管理制度、事故应急救援预案、特种作业人员培训、日常安全管理等方面进行识别。

三、危险、危害因素辨识方法

常用的危险、危害因素辨识方法有直观经验分析方法和系统安全分析方法。

1. 直观经验分析方法

直观经验分析方法适用于有可供参考先例、有以往经验可以借鉴的系统，不能应用在没有可供参考先例的新开发系统。

《个体防护装备安全管理规范》（AQ 6111—2023）

① 对照、经验法：是对照有关标准、法规、检查表或依靠分析人员的观察、分析能力，借助于经验和判断能力对评价对象的危险、危害因素进行分析的方法。

② 类比方法：是利用相同（相似）工程系统或作业条件的经验和劳动安全卫生的统计资料来类推、分析评价对象的危险、危害因素。

2. 系统安全分析方法

系统安全分析方法是应用系统安全工程评价方法中的某些方法进行危险、危害因素的辨识。系统安全分析方法常用于复杂、没有事故经验的新开发系统。常用的系统安全分析方法有事件树、事故树等。

《企业安全生产标准化基本规范》（GB/T 33000—2016）

课堂讨论

如何运用危险、危害因素辨识原则，对教室中存在的危险、危害因素进行辨识？请说明在辨识中具体采用哪种危险、危害因素辨识方法。

实训任务一

如果要对我们的校园进行危险、危害因素辨识，应该按照怎样的顺序进行？每个步骤都需要观察和收集哪些数据？

实训任务二

日常生活中经常能看到开车时用手机的现象，而且常会有人说："一手开车，一手通话，眼睛看着前方，有啥可担心的？"的确，我们的生活越来越离不开手机。有了智能手机后更是要时不时地刷微信朋友圈，如果你不接电话那就更糟糕了，说不定对方会误会你。所以为了避免这些麻烦，很多人会在开车的时候用手机。事实上，很少有人知道这一个简单的动作极有可能引发车祸。那开车时用手机为什么危险呢？除此之外，日常生活中还有哪些潜在的危险？

思考与练习题

1. 危险、危害因素辨识原则有哪些？
2. 危险、危害因素辨识顺序是什么？

任务四　能力实践——安全生产检查

一、安全生产检查定义

安全生产检查

安全生产检查是指针对生产过程及安全管理中可能存在的隐患、有害与危险因素、缺陷等进行查证，以确定隐患、有害与危险因素、缺陷的存在状态，以及它们转化为事故的条件，以便制定整改措施，消除隐患和有害与危险因素，确保生产的安全。

二、安全生产检查作用

安全生产检查是安全管理工作的重要内容，是消除隐患、防止事故发生、改善劳动条件的重要手段。通过安全生产检查，可以发现生产经营单位生产过程中存在的危险因素，以便有计划地制定纠正措施，保证生产的安全。

三、安全生产检查类型

一般采取日常、定期、不定期、季节性、节假日、专业性、综合性等多种检查方式。

1. 日常安全检查

日常安全检查是按检查制度规定的，采用个别的、日常的巡视方式来实现的，每天都进行，贯穿于生产过程的检查。在生产过程中进行经常性的预防检查，能及时发现隐患、及时消除，保证生产正常进行。日常安全检查包括公司、分公司、车间（项目部）安全管理人员在施工现场进行的巡查，各级管理人员在现场检查生产、进度、质量、技术时同时进行的安全巡查，班组长和班组兼职安全员进行的班前、班中与班后安全检查。

2. 定期安全检查

定期安全检查是指企业在安全制度中规定的，一般是通过计划有组织、有目的的形式来实现的。检查周期根据各单位实际情况确定，一般来说企业一年中应每季或每月检查一次；车间（项目部）应每天检查一次；班组应在每班的班前、班中和班后检查一次。定期检查面广、有深度，能及时发现并解决问题。定期安全检查是进行系统的安全检查，须详细地检查安全意识、安全制度、机械设备、安全设施、安全教育培训、操作行为、劳防用品的使用、安全事故的处理等内容。

3. 不定期安全检查

不定期安全检查是指企业应在装置开工前、停工后、检修中、新装置竣工及试运转时，进行不定期的安全检查。企业还应根据国际、国内同行业发生的重大事故，及时组织有针对性的安全检查。例如，设备、装置试运行检查，设备开工前和停工前的检查，设备设施检修检查，脚手架、物料提升机、塔式起重机、临时用电等使用前的验收性检查等。

4. 季节性安全检查

季节性安全检查是根据季节特点，按事故发生的规律，对易发的潜在危险、突出重点进行季节检查，由安技部门组织有关人员进行。比如，春季防火大检查；雨季“八防”（防触电、防中暑、防工伤事故、防淹溺、防洪汛、防倒塌、防车祸、防中毒）大检查；冬季“六防”（防冻、防火灾、防爆炸、防中毒、防触电、防机械伤害）大检查。

5. 节日前后安全检查

由于节假日前后容易发生事故，因而应进行有针对性的安全检查。分公司、车间（项目部）应根据节假日前后施工管理人员和作业人员安全意识不强、思想麻痹等特点，在每年的“五一劳动节”“十一国庆节”“元旦”“春节”开展专门的有针对性的安全检查。节假日安全检查，主要检查是否有“三违”现象，有无重大事故隐患，并宣传安全生产法规、方针、政策等。

6. 专业性安全检查

专业性安全检查是对某个专项问题或在生产中存在的普遍性安全问题进行的单项定性检查。对危险较大的在用设备、设施，作业场所环境条件的管理或监督性定量检测检验属专业性安全检查。专项检查具有较强的针对性和专业要求，用于检查难度较大的项目。通过检查，发现潜在问题，研究整改措施，及时消除隐患，进行技术改造。

7. 综合性安全大检查

由公司领导负责，根据企业的生产特点和安全情况，组织发动广大职工群众进行检查，同时组织各有关职能部门及工会组织的专业人员进行认真细致的全面检查，必要时可组织对系统的安全性评价。

四、安全生产检查内容

（一）基础安全管理内容

① 安全生产责任制。

② 安全管理机构设置和人员配备。

③ 安全生产规章制度、操作规程、应急救援预案。

④ 安全管理台账。

⑤ 安全培训教育。

（二）不同类型安全检查的内容

1. 日常安全检查的主要内容

① 各级人员安全责任制的落实情况。

② 安全活动（班前会、周安全会等）的开展情况。

③ 安全规章制度、措施的落实情况。

④ 现场安全管理情况（作业环境情况、安全设备设施设置情况；作业现场隐患查处及整改情况；设备的防护装置定时维护、检查保养情况；特种设备及安全附件的检查情况；定置管理情况）。

⑤ 员工的遵章守纪情况（劳动防护用品使用情况；作业、操作方法，安全操作规程执行情况；危险预知、辨识情况）。

⑥ 员工安全操作规程及安全常识掌握情况。

2. 综合性安全检查的主要内容

① 作业现场隐患查处。

② 危险源的控制情况。

③ 安全生产责任制的落实情况。

④ 安全规章制度的落实情况。

⑤ 现场安全管理情况。

⑥ 员工遵章守纪情况。

⑦ 员工劳保用品的穿戴情况。

⑧ 其他临时工作的落实情况。

3. 季节性安全检查的主要内容

季节性安全检查由公司安全管理委员会根据具体情况决定。

4. 专业性安全检查

公司各职能管理部门按各自安全生产责任制的职责要求制订计划。如采掘、机电、运输和"一通三防"的专业对口检查。专业检查以安全人员为主，吸收与检查内容有关的技术人员和管理人员。

五、安全生产检查方法

① 实地观察。

② 汇报会。

③ 座谈会。

④ 调查会。

⑤ 个别访问。

⑥ 查阅资料。

⑦ 抽查考试和提问。

六、安全生产检查程序

安全检查工作一般包括以下几个步骤：

1. 安全检查准备

① 确定检查对象、目的、任务。

② 查阅、掌握有关法规、标准、规程的要求。

③ 了解检查对象的工艺流程、生产情况、可能出现危险及危害的情况。

④ 制订检查计划，安排检查内容、方法、步骤。

⑤ 编写安全检查表或检查提纲。

⑥ 准备必要的检测工具、仪器、书写表格或记录本。

⑦ 挑选和训练检查人员并进行必要的分工等。

2. 实施安全检查

实施安全检查就是通过访谈、查阅文件和记录、现场检查、仪器测量的方式获取信息。

① 访谈：通过与有关人员谈话来了解相关部门、岗位执行规章制度的情况。

② 查阅文件和记录：检查设计文件、作业规程、安全措施、责任制度、操作规程等是否齐全，是否有效；查阅相应记录，判断上述文件是否被执行。

③ 现场观察：到作业现场寻找不安全因素、事故隐患、事故征兆等。

④ 仪器测量：利用一定的检测检验仪器设备，对在用的设施、设备、器材状况及作业环境条件等进行测量，以发现隐患。

3. 通过分析做出判断

掌握情况（获得信息）之后，就要进行分析、判断和检验。可凭经验、技能进行分析、判断，必要时可以通过仪器检验得出正确结论。

4. 及时做出决定进行处理

做出判断后，应针对存在的问题做出采取措施的决定，即下达隐患整改意见和要求，包括要求进行信息的反馈。

5. 整改落实

通过复查整改落实情况，获得整改效果的信息，以实现安全检查工作的闭环。安全检查过程中发现的隐患都要经过隐患的整改、处置和复查，并做好安全检查记录。

（1）立即整改的隐患（问题）

凡是有随时发生重大伤亡事故危险的隐患，应立即整改，由检查组签发“事故隐患停工整改通知书”。被检查单位负责人接到停工整改通知书后，必须迅速组织力量，研究整改方案，立即进行整改。整改完后将整改情况反馈至检查组，检查组收到反馈信息后，立即组织复查，确认合格后方可批准复工。

（2）限期整改的隐患（问题）

凡是隐患较严重，不尽快排除可能发生重大伤亡事故，但由于各种客观条件和困难，不能立即解决，应限期整改，由检查组签发“事故隐患限期整改通知书”。被检查单位负责人接到限期整改通知书后，须制定有针对性的措施，定人、定时间落实整改方案。整改完后将整改情况反馈至检查组，检查组收到反馈信息后，立即组织复查，确认合格后，隐患消项。

（3）口头提出整改的问题

对于检查中发现的“违章指挥、违章作业、违反劳动纪律”现象，应立即制止，并告知现场负责人当场予以纠正，对现场发现的一般隐患可口头提出，由现场负责人落实责任者当场解决。

（4）检查记录

检查人员应对进行的检查做详细的检查记录，检查记录应能反映所检查的客观事实，包括存在问题和好的做法等，检查人员须保存好各种检查记录、表格、整改通知书。

（5）隐患登记与销项

检查人员对检查中发现的、开具的停工整改、限期整改通知书中的隐患须进行登记，经复查合格后销项，做好记录。

七、编制安全生产检查表

实践证明，安全检查最有效的工具是安全检查表。它是为检查某一系统的安全状况而事先编制的问题清单。可根据安全检查的需要、目的、被检查的对象，编制多种类型的安全检查表。按照安全检查表进行安全检查，可提高检查质量，防止漏掉主要危险因素。

根据用途和安全检查表的内容，安全检查表可分为以下几种类型：

① 审查设计的安全检查表。

② 厂级的安全检查表。

③ 车间的安全检查表。

④ 工段及岗位的安全检查表。

⑤ 专业性安全检查表。

⑥ 事故分析检查表。

安全检查表的内容既要系统全面，又要简单明了、切实可行。一般来说，安全检查表的基本内容涉及人、机、环境、管理四个方面，且必须包括以下六个方面的基本内容：

① 总体要求：包括建厂条件、工厂设备布置、平面布置、建筑标准、交通、道路等。

② 生产工艺：包括原材料、燃料、生产过程、工艺流程、物料输送及储存等。

③ 机械设备：包括机械设备的安全状态、可靠性、防护装置、保安设备、检控仪表等。

④ 操作管理：包括管理体制、规章制度、安全教育及培训、人的行为等。

⑤ 人机工程：包括工作环境、工业卫生、人机配合等。

⑥ 防灾措施：包括急救、消防、安全出口、事故处理计划等。

为使检查表突出重点、简明扼要、符合安全要求、切合实际，应依据以下几方面编制：

① 严格执行国家及地方相关安全法规、规定、规程、规范和标准以及行业、企业的制度、标准。

② 上级、行业和单位领导对安全生产的要求。

③ 国内外、本企业事故案例。

④ 系统安全分析的结果。

安全检查表的编制方法如下：

① 安全检查表应由专业干部、有关部门领导、工程技术人员和工人共同编写，并通过实践检验不断修改，使之逐步完善。

② 安全检查表可以按生产系统、车间、工段和岗位编写。也可以按专题编写。如对重要设备和容易出现事故的工艺流程，就应该编制该项工艺专门的安全检查表。

③ 安全检查表的编制过程，也是对系统进行安全分析的过程。通过对系统的全面分析，结合有关资料，找出系统中存在的隐患、事故发生的可能途径和影响后果等，然后根据有关法规、规章制度、标准和安全技术要求，完成检查表的编制工作。为了清楚地列出检查表中的检查项目和检查重点，可通过事故树分析找出导致事故的基本事件和最小割集，然后进行逐一审查并确定出它们之间的逻辑关系。

安全检查表的格式没有统一的规定，一般采用的格式是：序号、分类、项目、检查要点（检查要求或合格标准）、检查结果确认（是/否，或打分）、检查日期及检查者。通常情况下检查项目内容及检查要点用提问方式列出。检查结果确认用“是”“否”或者打“√”“×”表示。

安全检查表的形式很多，可根据不同的检查目的进行设计，也可按照统一要求的标准格式制作，如危险等级划分表、安全性评价项目表、安全性评价检查表等。安全检查表的基本格式见表 2-1。

表 2-1　安全检查表的基本格式

<table>
<tr><td>检查时间</td><td>检查单位</td><td>检查部位</td><td>检查结果</td><td>安全要求</td><td>整改期限</td><td>整改负责人</td></tr>
<tr><td></td><td></td><td></td><td></td><td></td><td></td><td></td></tr>
<tr><td>序号</td><td colspan="4">安全检查内容</td><td colspan="2">结论与说明</td></tr>
<tr><td></td><td colspan="4"></td><td colspan="2"></td></tr>
</table>

可见，在进行安全检查时，利用安全检查表能做到目标明确、要求具体、查之有据；对发现的问题做出简明确切的记录，并提出解决的方案，同时落实到责任人，以便及时整改。

任务五　能力实践——安全隐患排查

一、隐患类别

安全隐患排查

作业环境和生产过程中的隐患各式各样，成因也各不相同。

1. 按隐患危害程度分类

① 一般事故隐患：是指危害和整改难度较小，发现后能够立即整改排除的隐患。

② 重大事故隐患：是指危害和整改难度较大，应当全部或者局部停产停业，并经过一定时间整改治理方能排除的隐患，或者因外部因素影响致使生产经营单位自身难以排除的隐患。

③ 特别重大安全隐患：危险性大，可能造成重大人身伤亡或财产损失的隐患。

2. 按隐患危害类型分类

综合事故性质分类和行业分类，优先考虑事故起因，将事故隐患分类归纳如下：

① 火灾（建筑物、非挥发性燃油、非粉尘状的可燃物质）。

② 爆炸（火药、可燃性气体和空气混合、可燃性粉尘、锅炉压力容器）。

③ 中毒和窒息（有毒物质引起的急性中毒与窒息）。

④ 水害（水库险情、矿山透水、淹井）。

⑤ 坍塌（建筑物倒塌，井巷冒顶、片帮）。

⑥ 滑坡（企业、居民居住区周围的山体崩裂、滑坡、泥石流）。

⑦ 泄漏（有毒、放射性物质泄漏）。

⑧ 腐蚀（强烈腐蚀性物质暴露）。

⑨ 触电（高压电）。

⑩ 坠落（高平台、支架上）。

⑪ 机械伤害（机械设备老化、安全防护装置不全或失灵）。

⑫ 煤与瓦斯突出（煤矿井下煤与瓦斯突出）。

⑬ 公路设施伤害（公路、公路桥梁、公路隧道）。

⑭ 公路车辆伤害（汽车失灵或超负荷）。

⑮ 铁路设施伤害（危轨、危桥、危险的铁路隧道、无效的通信）。

⑯ 铁路车辆伤害（火车零件失效和失灵）。

⑰ 水上运输伤害（船舶运输途中）。

⑱ 港口码头伤害隐患（港区、码头）。

⑲ 空中运输伤害隐患（飞机运输途中）。

⑳ 航空港伤害隐患（航空港内设施、起飞前的飞机）。

㉑ 其他类隐患（不能用以上类型分类的）。

3. 按表现形式分类

① 从业人员类：从业人员资格资质隐患、从业人员教育培训隐患、从业人员操作行为隐患、其他从业人员隐患。

② 设备设施类：物料隐患、平面布置隐患、建（构）筑物隐患、工艺及生产工具隐患、安全设备设施隐患、辅助系统设备设施隐患、个人防护用品使用隐患、其他设备设施类隐患。

③ 场所环境类：作业环境隐患、安全出口及疏散通道隐患、安全标志及标识隐患、周边环境隐患、其他场所环境隐患。

④ 安全管理类：生产经营单位资质证照隐患、安全组织机构及安全管理人员配置隐患、安全生产责任制隐患、应急救援组织及物资隐患、操作规程隐患、安全生产记录档案隐患、应急救援预案与实施隐患、相关方管理隐患、其他安全管理类隐患。

二、隐患排查依据

《中华人民共和国安全生产法》第二十一条中有“督促、检查本单位的安全生产工作，及时消除生产安全事故隐患”的规定。

《安全生产事故隐患排查治理暂行规定》第八条规定：“生产经营单位是事故隐患排查、治理和防控的责任主体。生产经营单位应当建立健全事故隐患排查治理和建档监控等制度，逐级建立并落实从主要负责人到每个从业人员的隐患排查治理和监控责任制。”

三、隐患管理形式

根据原劳动管理部门的有关规定，对国有大中型企业的隐患，按如下规定进行分级管理：

① 政府管理：a. 一般隐患，由县市级劳动部门管理；b. 重大隐患，由地市级劳动部门管理；c. 特别重大隐患，由省市级劳动部门管理。

② 行业管理：a. 一般隐患，由厂级管理；b. 重大隐患，由公司管理；c. 特别重大隐患，由总公司管理。

③ 企业管理：进行分类、建档（台账）、班组报表、统计分析、适时动态监控。

四、隐患辨识与排查

隐患辨识与排查应该在对企业作业环境和工艺过程进行全面调查的基础上，应用系统安全分析和安全评价的科学方法，或根据实践经验，或把二者结合起来加以确定，可以采取仪表检测、运用自动监测技术、进行行为抽样技术等手段。

进行现场调查时，应对作业内容、方法、危险因素、危险程度、曾经发生过的事故和未遂事件等进行全面的了解和分析，并应收集同行类似条件企业发生过的事故的情况。如有可能，也可参考同类企业的危险辨识与排查结果。在隐患辨识与排查时，应广泛听取有实践经验的工人、工程技术人员、现场管理人员和安全专家的意见。隐患辨识工作应符合企业自身实际情况。

五、隐患控制措施

① 应用软科学手段，即加强教育，强化全员隐患严重性认识。

② 明确责任，理顺隐患治理机制。

③ 坚持标准，搞好隐患治理科学管理。

④ 广开渠道，保障隐患治理资金。

⑤ 严格管理，坚持“三同时”原则。

⑥ 落实措施，发挥工会及职工的监督作用。

⑦ 应用技术手段，即消除危险能量，降低危险能量，采用距离弱化技术、时间弱化技术、蔽障防护技术、系统强化技术、危险能量释放技术、本质安全（闭锁）技术、无人化技术、警示信息技术。同时，还需要有隐患应急技术，即具有应急预案、防范系统、救援系统等。

六、煤矿重大安全隐患认定

常见隐患排查图解

煤矿有下列重大安全生产隐患和行为的，应当立即停止生产，排除隐患：

① 超能力、超强度或者超定员组织生产的。

② 瓦斯超限作业的。

③ 煤与瓦斯突出矿井，未依照规定实施防突出措施的。

④ 高瓦斯矿井未建立瓦斯抽放系统和监控系统，或者瓦斯监控系统不能正常运行的。

⑤ 通风系统不完善、不可靠的。

⑥ 有严重水患，未采取有效措施的。

⑦ 超层越界开采的。

⑧ 有冲击地压危险，未采取有效措施的。

⑨ 自然发火严重，未采取有效措施的。

⑩ 使用明令禁止使用或者淘汰的设备、工艺的。

⑪ 年产 6 万 t 以上的煤矿没有双回路供电系统的。

⑫ 新建煤矿边建边生产，煤矿改扩建期间在改扩建的区域生产或者在其他区域的生产超出安全设计规定的范围和规模的。

⑬ 煤矿实行整体承包生产经营后，未重新取得安全生产许可证和煤炭生产许可证从事生产的，或者承包方再次转包的，以及煤矿将井下采掘工作面和井巷维修作业进行劳务承包的。

⑭ 煤矿改制期间，未明确安全生产责任人和安全管理机构的，或者在完成改制后未重新取得或者变更采矿许可证、安全生产许可证、煤炭生产许可证和营业执照的。

⑮ 有其他重大安全生产隐患的。

项目三 事故统计

走进课堂

2015年8月12日23:30左右，位于天津市滨海新区天津港的瑞海公司危险品仓库发生火灾爆炸事故，造成165人遇难(其中参与救援处置的公安现役消防人员24人、天津港消防人员75人、公安民警11人，事故企业、周边企业员工和居民55人)、8人失踪(其中天津消防人员5人，周边企业员工、天津港消防人员家属3人)，798人受伤(伤情重及较重的伤员58人、轻伤员740人)，304幢建筑物、12 428辆商品汽车、7 533个集装箱受损。截至2015年12月10日，依据《企业职工伤亡事故经济损失统计标准》等标准和规定统计，已核定的直接经济损失68.66亿元。

在我们为死难者悲痛的同时，不禁发出这样的疑问，为什么会发生这样的事故？事故救援时为什么会死伤那么多人？为什么会造成那么大的经济损失？

任务一 事故理论分析

从大量的事故案例中我们可以看到，造成事故的原因可能是多方面的，但其中人的行为引发的事故可占到事故发生总量的95%以上。所以，研究人的不安全行为产生的原因和其自身的规律性，有针对性地控制人的不安全行为，是企业安全管理工作所面临的日益紧迫的重要课题。

事故理论分析

一、早期事故致因理论

长期以来，人们把伤亡事故当成一个偶然的意外事件，这一认识的心理根源：一是宿命论，所谓“命中注定”“命该如此”“难逃一劫”等等，要保平安必须祈求苍天保佑；二是晦气论，虽然不信神鬼也不信命，但信运气，所谓“隔着墙扔砖头，砸着谁，谁晦气”，概率哪怕只有万分之一，谁碰上谁倒霉；三是大意论，发生事故总是自责或被责疏忽大意、不小心，同一种事故一再发生在同一环境的不同人身上。悲剧对于个人来说也许是偶然的，但是对于群体则是必然的，因为人们由于认识上的误区，没有深入研究事故发生的内在规律，特别是对人的心理和行为因素及其与环境的相互作用等与事故发生的关系问题没有足够的认识，导致很多人为因素的隐患并没有被消除，防范措施得不到落实，事故当然会发生。

二、事故致因理论的发展

随着科学技术和生产方式的发展，事故发生的本质规律在不断变化，人们对事故原因的认识也在不断深入，因此先后出现了十几种具有代表性的事故致因理论和事故模型。

在20世纪50年代以前，资本主义工业化大生产飞速发展，美国福特公司的大规模流水线生产方式得到广泛应用。这种生产方式利用机械的自动化迫使工人适应机器，包括操作要求和工作节奏，一切以机器为中心，人成为机器的附属和奴隶。与这种情况相对应，人们往往将生产中的事故原因推到操作者的头上。

1919 年，由格林伍德和伍兹提出了“事故倾向性格论”，后来又由纽伯尔德在 1926 年以及法默在 1939 年分别对其进行了补充。该理论认为，从事同样的工作和在同样的工作环境下，某些人比其他人更易发生事故，这些人是事故倾向者，他们的存在会使生产中的事故增多；如果通过人的性格特点区分出这部分人而不予雇佣，则可以减少工业生产的事故。这种理论把事故致因归咎于人的天性，至今仍有某些人赞成这一理论，但是后来的许多研究结果并没有证实此理论的正确性。

1936 年，美国人海因里希提出事故因果连锁理论。海因里希认为，伤害事故的发生是一连串的事件，按一定因果关系依次发生的结果。他用五块多米诺骨牌来形象地说明这种因果关系，即第一块牌倒下后会引起后面的牌连锁反应而倒下，最后一块牌即为伤害。因此，该理论也被称为“多米诺骨牌理论”。多米诺骨牌理论建立了事故致因的事件链这一重要概念，并为后来者研究事故机理提供了一种有价值的方法。

海因里希曾经调查了 75 000 件工伤事故，发现其中有 98%是可以预防的。在可预防的工伤事故中，以人的不安全行为为主要原因的占 89.8%，而以设备的、物质的不安全状态为主要原因的只占 10.2%。按照这种统计结果，绝大部分工伤事故都是由于工人的不安全行为所引起的。海因里希还认为，即使有些事故是物的不安全状态引起的，其不安全状态的产生也是由于工人的错误所致。因此，这一理论与事故倾向性格论一样，将事件链中的原因大部分归于操作者的错误，表现出时代的局限性。

第二次世界大战爆发后，高速飞机、雷达、自动火炮等新式军事装备的出现，带来了操作的复杂性和紧张度，使得人们难以适应，常常发生动作失误。于是，产生了专门研究人类的工作能力及其限制的学问——人机工程学，它对战后工业安全的发展也产生了深刻的影响。人机工程学的兴起标志着工业生产中人与机器关系的重大改变。以前是按机械的特性来训练操作者，让操作者满足机械的要求；现在是根据人的特性来设计机械，使机械适合人的操作。

这种在人机系统中以人为主、让机器适合人的观念，促使人们对事故原因重新进行认识。越来越多的人认为，不能把事故的发生简单地说成是操作者的性格缺陷或粗心大意，应该重视机械的、物质的危险性在事故中的作用，强调实现生产条件、机械设备的固有安全，这样才能切实有效地减少事故的发生。

1949 年，葛登利用流行病传染机理来论述事故的发生机理，提出了“用于事故的流行病学方法理论”。葛登认为，流行病病因与事故致因之间具有相似性，可以参照分析流行病因的方法分析事故。

流行病的病因有三种：① 当事者（病者）的特征，如年龄、性别、心理状况、免疫能力等；② 环境特征，如温度、湿度、季节、社区卫生状况、防疫措施等；③ 致病媒介特征，如病毒、细菌、支原体等。这三种因素的相互作用，可以导致人的疾病发生。与此相类似，对于事故，一要考虑人的因素，二要考虑作业环境因素，三要考虑引起事故的媒介。

这种理论比只考虑人失误的早期事故致因理论有了较大的进步，它明确地提出事故因素间的关系特征，事故是三种因素相互作用的结果，并推动了关于这三种因素的研究和调查。但是，这种理论也有明显的不足，主要是关于致因的媒介。作为致病媒介的病毒等在任何时间和场合都是确定的，只是需要分辨并采取措施防治；而作为导致事故的媒介到底是什么，还需要识别和定义，否则该理论无太大用处。

1961 年由吉布森提出，并在 1966 年由哈登引申的“能量异常转移论”，是事故致因理论发展过程中的重要一步。该理论认为，事故是一种不正常的或不希望的能量转移，各种形式的能量构成了伤害的直接原因。因此，应该通过控制能量或者控制能量的载体来预防伤害事故，防止能量异常转移的有效措施是对能量进行屏蔽。

能量异常转移论的出现，为人们认识事故原因提供了新的视野。例如，在利用“用于事故的流行病学方法理论”进行事故原因分析时，就可以将媒介看成促成事故的能量，即有能量转移至人体才会造成事故。

20 世纪 70 年代后，随着科学技术的不断进步，生产设备、工艺及产品越来越复杂，信息论、系统论、控制论相继成熟并在各个领域获得广泛应用。对于复杂系统的安全性问题，采用以往的理论和方法已不能很好地解决，因此出现了许多新的安全理论和方法。

在事故致因理论方面，人们结合信息论、系统论和控制论的观点、方法，提出了一些有代表性的事故理论和模型。相对来说，20 世纪 70 年代以后是事故致因理论研究比较活跃的时期。

20 世纪 60 年代末（1969 年）由瑟利提出、20 世纪 70 年代初得到发展的瑟利模型，是以人对信息的处理过程为基础描述事故发生因果关系的一种事故模型。这种理论认为，人在信息处理过程中出现失误从而导致人的行为失误，进而引发事故。与此类似的理论还有 1970 年的海尔模型，1972 年威格里沃思的“人失误的一般模型”，1974 年劳伦斯提出的“金矿山人失误模型”，以及 1978 年安德森等人对瑟利模型的修正，等等。

这些理论均从人的特性与机器性能和环境状态之间是否匹配和协调的观点出发，认为机械和环境的信息不断地通过人的感官反映到大脑，人若能正确地认识、理解、判断，做出正确决策和采取行动，就能化险为夷，避免事故和伤亡；反之，如果人未能察觉、认识所面临的危险，或判断不准确而未采取正确的行动，就会发生事故和伤亡。由于这些理论把人、机、环境作为一个整体（系统）看待，研究人、机、环境之间的相互作用、反馈和调整，从中发现事故的致因，揭示出预防事故的途径，所以，也有人将它们统称为系统理论。

动态和变化的观点是近代事故致因理论的又一基础。1972 年，本尼尔提出了在处于动态平衡的生产系统中，由于“扰动”而导致事故的理论，即 P 理论。此后，约翰逊于 1975 年发表了“变化-失误模型”，1980 年诺兰茨在《安全测定》一书中介绍了“变化论模型”，1981 年佐藤音信提出了“作用变化与作用连锁模型”。

近十几年来，比较流行的事故致因理论是“轨迹交叉论”。该理论认为，事故的发生不外乎是人的不安全行为（或失误）和物的不安全状态（或故障）两大因素综合作用的结果，即人、物两大系列时空运动轨迹的交叉点就是事故发生的所在，预防事故的发生就是设法从时空上避免人、物运动轨迹的交叉。与轨迹交叉论类似的理论是“危险场理论”。危险场是指危险源能够对人体造成危害的时间和空间的范围。这种理论多用于研究存在诸如辐射、冲击波、毒物、粉尘、声波等危害的事故模式。

事故致因理论的发展虽还很不完善，还没有给出对于事故调查分析和预测预防方面的普遍和有效的方法。然而，通过对事故致因理论的深入研究，必将在安全管理工作中产生以下深远影响：

① 从本质上阐明事故发生的机理，奠定安全管理的理论基础，为安全管理实践指明正确的方向。

② 有助于指导事故的调查分析，帮助查明事故原因，预防同类事故的再次发生。

③ 为系统安全分析、危险性评价和安全决策提供充分的信息和依据，增强针对性，减少盲目性。

④ 有利于从定性的物理模型向定量的数学模型发展，为事故的定量分析和预测奠定基础，真正实现安全管理的科学化。

⑤ 增加安全管理的理论知识，丰富安全教育的内容，提高安全教育的水平。

三、事故因果连锁理论

1. 海因里希因果连锁理论

海因里希是最早提出事故因果连锁理论的，他用该理论阐明导致伤亡事故的各种因素之间，以及这些因素与伤害之间的关系。该理论的核心思想是：伤亡事故的发生不是一个孤立的事件，而是一系列原因事件相继发生的结果，即伤害与各原因相互之间具有连锁关系。

海因里希提出的事故因果连锁过程包括如下五种因素：

第一，遗传及社会环境（M）。遗传及社会环境是造成人的缺点的原因。遗传因素可能使人具有鲁莽、固执、粗心等对于安全来说属于不良的性格；社会环境可能妨碍人的安全素质培养，助长不良性格的发展。这种因素是因果链上最基本的因素。

第二，人的缺点（P）。即遗传和社会环境因素所造成的人的缺点。人的缺点是使人产生不安全行为或造成物的不安全状态的原因。这些缺点既包括诸如鲁莽、固执、易过激、神经质、轻率等性格上的先天缺陷，也包括诸如缺乏安全生产知识和技能等的后天不足。

第三，人的不安全行为或物的不安全状态（H）。这二者是造成事故的直接原因。海因里希认为，人的不安全行为是由于人的缺点而产生的，是造成事故的主要原因。

第四，事故（D）。事故是一种物体、物质或放射线等对人体发生作用，使人员受到或可能受到伤害的、出乎意料的、失去控制的事件。

第五，伤害（A）。即直接由事故所产生的人身伤害。

上述事故因果连锁关系，可以用五块多米诺骨牌来形象地加以描述。如果第一块骨牌倒下（即第一个原因出现），则发生连锁反应，后面的骨牌相继被碰倒（相继发生）。

该理论积极的意义就在于，如果移去因果连锁中的任一块骨牌，则连锁被破坏，事故过程被中止。海因里希认为，企业安全工作的中心就是要移去中间的骨牌——防止人的不安全行为或消除物的不安全状态，从而中断事故连锁的进程，避免伤害的发生。

海因里希的理论有明显的不足，如它对事故致因连锁关系的描述过于绝对化、简单化。事实上，各个骨牌（因素）之间的连锁关系是复杂的、随机的。前面的牌倒下，后面的牌可能倒下，也可能不倒下。事故并不是全都造成伤害，不安全行为或不安全状态也并不是必然造成事故，等等。尽管如此，海因里希的事故因果连锁理论促进了事故致因理论的发展，成为事故研究科学化的先导，具有重要的历史地位。

2. 博德事故因果连锁理论

博德在海因里希事故因果连锁理论的基础上，提出了与现代安全观点更加吻合的事故因果连锁理论。

博德的事故因果连锁过程同样为五个因素，但每个因素的含义与海因里希的都有所不同。

第一，管理缺陷。对于大多数企业来说，由于各种原因，完全依靠工程技术措施预防事故既不经济也不现实，只能通过完善安全管理工作，经过较大的努力，才能防止事故的发生。企业管理者必须认识到，只要生产没有实现本质安全化，就有发生事故及伤害的可能性，因此，安全管理是企业管理的重要一环。

安全管理系统要随着生产的发展变化而不断调整完善，十全十美的管理系统不可能存在。安全管理上的缺陷，致使能够造成事故的其他原因出现。

第二，个人及工作条件的原因。这方面的原因是由于管理缺陷所造成的。个人原因包括缺乏安全知识或技能，行为动机不正确，生理或心理有问题等；工作条件原因包括安全操作规程不健全，设备、材料不合适，以及存在温度、湿度、粉尘、气体、噪声、照明、工作场地状况（如打滑的地面、障碍物、不可靠支撑物）等有害作业环境因素。只有找出并控制这些原因，才能有效地防止后续原因的发生，从而防止事故的发生。

第三，直接原因。人的不安全行为或物的不安全状态是事故的直接原因。这种原因是安全管理中必须重点加以追究的原因。但是，直接原因只是一种表面现象，是深层次原因的表征。在实际工作中，不能停留在这种表面现象上，而要追究其背后隐藏的管理上的缺陷原因，并采取有效的控制措施，从根本上杜绝事故的发生。

第四，事故。这里的事故被看作人体或物体与超过其承受阈值的能量接触，或人体与妨碍正常生理活动的物质的接触。因此，防止事故就是防止接触。可以通过对装置、材料、工艺等的改进来防止能量的释放，或者操作者提高识别和回避危险的能力，佩戴个人防护用具等来防止接触。

第五，损失。人员伤害及财物损坏统称为损失。人员伤害包括工伤、职业病、精神创伤等。

在许多情况下，可以采取恰当的措施使事故造成的损失最大限度地减小。例如，对受伤人员进行迅速正确的抢救，对设备进行抢修以及平时对有关人员进行应急训练等。

四、能量意外转移理论

1. 能量意外转移理论的概念

在生产过程中能量是必不可少的，人类利用能量做功以实现生产目的。人类为了利用能量做功，必须控制能量。在正常生产过程中，能量在各种约束和限制下，按照人们的意志流动、转换和做功。如果由于某种原因能量失去了控制，发生了异常或意外的释放，则称发生了事故。

如果意外释放的能量转移到人体，并且其能量超过了人体的承受能力，则人体将受到伤害。吉布森和哈登从能量的观点出发，曾经指出：人受伤害的原因只能是某种能量向人体的转移，而事故则是一种能量的异常或意外的释放。

能量的种类有许多，如动能、势能、电能、热能、化学能、原子能、辐射能、声能和生物能等。人受到伤害都可以归结为上述一种或若干种能量的异常或意外转移。麦克法兰特认为，所有的伤害事故（或损坏事故）都是因为：① 接触了超过机体组织（或结构）抵抗力的某种形式的过量的能量；② 有机体与周围环境的正常能量交换受到了干扰（如窒息、淹溺等），因而，各种形式的能量构成伤害的直接原因。根据此观点，可以将能量引起的伤害分为两大类：

第一类伤害是由于转移到人体的能量超过了局部或全身性损伤阈值而产生的。人体各部分对每一种能量的作用都有一定的抵抗能力，即有一定的伤害阈值。当人体某部位与某种能量接触时，能否受到伤害及伤害的严重程度如何，主要取决于作用于人体的能量大小。作用于人体的能量超过伤害阈值越多，造成伤害的可能性越大。例如，球形弹丸以 4.9 N 的冲击力打击人体时，最多轻微地擦伤皮肤，而以 68.9 N 的冲击力打击人的头部时，会造成头骨骨折。

第二类伤害则是由于影响局部或全身性能量交换所引起的。例如，物理因素或化学因素引起的窒息（如溺水、一氧化碳中毒等），体温调节障碍引起的生理损害、局部组织损坏或死亡（如冻伤、冻死等）。

能量转移理论的另一个重要概念是：在一定条件下，某种形式的能量能否产生人员伤害，除了与能量大小有关以外，还与人体接触能量的时间和频率、能量的集中程度、身体接触能量的部位等有关。

用能量转移的观点分析事故致因的基本方法是：首先确认某个系统内的所有能量源；然后确定可能遭受该能量伤害的人员，伤害的严重程度；进而确定控制该类能量异常或意外转移的方法。

能量转移理论与其他事故致因理论相比，具有两个主要优点：一是把各种能量对人体的伤害归结为伤亡事故的直接原因，从而决定了以对能量源及能量传送装置加以控制作为防止或减少伤害发生的最佳手段这一原则；二是依照该理论建立的对伤亡事故的统计分类，是一种可以全面概括、阐明伤亡事故类型和性质的统计分类方法。

能量转移理论的不足之处是：由于意外转移的机械能（动能和势能）是造成工业伤害的主要能量形式，这就使得按能量转移观点对伤亡事故进行统计分类的方法尽管具有理论上的优越性，然而在实际应用上却存在困难。它的实际应用尚有待于对机械能的分类做更加深入细致的研究，以便对机械能造成的伤害进行分类。

2. 应用能量意外转移理论预防伤亡事故

从能量意外转移的观点出发，预防伤亡事故就是防止能量或危险物质的意外释放，从而防止人体与过量的能量或危险物质接触。在工业生产中，经常采用的防止能量意外释放的措施有以下几种：

① 用较安全的能源替代危险大的能源。如用水力采煤代替爆破采煤，用液压动力代替电力等。

② 限制能量。如利用安全电压设备，降低设备的运转速度，限制露天爆破装药量等。

③ 防止能量蓄积。如通过良好接地消除静电蓄积，采用通风系统控制易燃易爆气体的浓度等。

④ 降低能量释放速度。如采用减振装置吸收冲击能量，使用防坠落安全网等。

⑤ 开辟能量异常释放的渠道。如给电器安装良好的地线，在压力容器上设置安全阀等。

⑥ 设置屏障。屏障是一些防止人体与能量接触的物体。屏障的设置有三种形式：

a. 屏障被设置在能源上，如机械运动部件的防护罩、电器的外绝缘层、消声器、排风罩等。

b. 屏障设置在人与能源之间，如安全围栏、防火门、防爆墙等。

c. 由人员佩戴屏障，即佩戴个人防护用品，如安全帽、手套、防护服、口罩等。

⑦ 从时间和空间上将人与能量隔离。如道路交通的信号灯，冲压设备的防护装置等。

⑧ 设置警告信息。在很多情况下，能量作用于人体之前，并不能被人直接感知到，因此使用各种警告信息是十分必要的，如各种警告标志、声光报警器等。

以上措施往往几种同时使用，以确保安全。此外，这些措施也要尽早使用，做到防患于未然。

五、基于人体信息处理的人失误事故模型

这类事故理论都有一个基本的观点，即：人失误会导致事故，而人失误的发生是由于人对外界刺激（信息）的反应失误所造成的。

1. 威格里斯沃思模型

威格里斯沃思在 1972 年提出，人失误构成了所有类型事故的基础。他把人失误定义为“（人）错误地或不适当地响应一个外界刺激”。他认为：在生产操作过程中，各种各样的信息不断地作用于操作者的感官，给操作者以“刺激”。若操作者能对刺激做出正确的响应，事故就不会发生；反之，如果错误或不恰当地响应了一个刺激（人失误），就有可能出现危险。危险是否会带来伤害事故，则取决于一些随机因素。

2. 瑟利模型

瑟利把事故的发生过程分为危险出现和危险释放两个阶段。这两个阶段各自包括一组类似人的信息处理过程，即知觉、认识和行为响应过程。在危险出现阶段，如果人的信息处理的每个环节都正确，危险就能被消除或得到控制；反之，只要任何一个环节出现问题，就会使操作者直接面临危险。在危险释放阶段，如果人的信息处理过程的各个环节都是正确的，则虽然面临着已经显现出来的危险，但仍然可以避免危险释放出来，不会带来伤害或损害；反之，只要任何一个环节出错，危险就会转化成伤害或损害。

3. 劳伦斯模型

劳伦斯在威格里斯沃思和瑟利等的人失误模型的基础上，通过对南非金矿中发生的事故的研究，于 1974 年提出了针对金矿企业以人失误为主因的事故模型。该模型对一般矿山企业和其他企业中比较复杂的事故情况也普遍适用。

六、动态变化理论

世界是在不断运动、变化着的，工业生产过程也在不断变化之中。针对客观世界的变化，我们的安全工作也要随之改进，以适应变化了的情况。如果管理者不能或没有及时地适应变化，则将发生管理失误；操作者不能或没有及时地适应变化，则将发生操作失误。外界条件的变化也会导致机械、设备等的故障，进而导致事故的发生。

1. 扰动起源事故理论

本尼尔认为，事故过程包含着一组相继发生的事件。这里，事件是指生产活动中某种发生了的事情，如一次瞬间或重大的情况变化，一次已经被避免的或导致另一事件发生的偶然事件等。因而，可以将生产活动看作一个自觉或不自觉地指向某种预期的或意外的结果的事件链，它包含生产系统元素间的相互作用和变化着的外界的影响。由事件链组成的正常

生产活动，是在一种自动调节的动态平衡中进行的，在事件的稳定运行中向预期的结果发展。

事件的发生必然是某人或某物引起的，如果把引起事件的人或物称为“行为者”，而其动作或运动称为“行为”，则可以用行为者及其行为来描述一个事件。在生产活动中，如果行为者的行为得当，则可以维持事件过程稳定地进行；否则，可能中断生产甚至造成伤害事故。

生产系统的外界影响是经常变化的，可能偏离正常的或预期的情况。这里称外界影响的变化为“扰动”。扰动将作用于行为者，产生扰动的事件称为起源事件。

当行为者能够适应不超过其承受能力的扰动时，生产活动可以维持动态平衡而不发生事故。如果其中的一个行为者不能适应这种扰动，则自动平衡过程被破坏，开始一个新的事件过程，即事故过程。该事件过程可能使某一行为者承受不了过量的能量而发生伤害或损害，这些伤害或损害事件可能依次引起其他变化或能量释放，作用于下一个行为者并使其承受过量的能量，发生连续的伤害或损害。当然，如果行为者能够承受冲击而不发生伤害或损害，则事件过程将继续进行。

综上所述，可以将事故看作由事件链中的扰动开始，以伤害或损害为结束的过程。这种事故理论也叫作“P 理论”。

2. 变化-失误理论

约翰逊认为：事故是由意外的能量释放引起的，这种能量释放的发生是由于管理者或操作者没有适应生产过程中物的或人的因素的变化，产生了计划错误或人为失误，从而导致不安全行为或不安全状态，破坏了对能量的屏蔽或控制，即发生了事故，事故造成生产过程中人员伤亡或财产损失。

七、轨迹交叉论

轨迹交叉论的基本思想是：伤害事故是许多相互联系的事件顺序发展的结果。这些事件概括起来不外乎人和物（包括环境）两大发展系列。当人的不安全行为和物的不安全状态在各自发展过程中（轨迹），在一定时间、空间发生了接触（交叉），能量转移于人体时，伤害事故就会发生。而人的不安全行为和物的不安全状态之所以产生和发展，又是受多种因素作用的结果。

轨迹交叉理论反映了绝大多数事故的情况。在实际生产过程中，只有少量的事故仅仅由人的不安全行为或物的不安全状态所引起，绝大多数的事故是与二者同时相关的。例如，日本劳动省通过对 50 万起工伤事故调查发现，只有约 4%的事故与人的不安全行为无关，而只有约 9%的事故与物的不安全状态无关。

人和物两大系列的运动中，二者往往是相互关联、互为因果、相互转化的。有时人的不安全行为促进了物的不安全状态的发展，或导致新的不安全状态的出现；而物的不安全状态可以诱发人的不安全行为。因此，事故的发生可能并不是那样简单地按照人、物两条轨迹独立地运行，而是呈现较为复杂的因果关系。

人的不安全行为和物的不安全状态是造成事故的表面的直接原因，如果对它们进行更进一步的考虑，则可以挖掘出二者背后深层次的原因。

八、我国事故致因理论研究现状

很多学者对目前国内主要的矿井事故致因理论进行了总结，同时对事故致因理论的未来发展进行展望。陈宝智教授提出了事故致因的两类危险源理论。在系统安全研究中，认为危险源的存在是事故发生的根本原因，防止事故就是消除、控制系统中的危险源。危险源为可能导致人员伤害或财物损失的事故的、潜在的不安全因素。按此定义，生产、生活中的许多不安全因素都是危险源。根据危险源在事故发生、发展中的作用，把危险源划分为两大类：第一类危险源和第二类危险源。

第一类危险源：根据能量意外释放论，事故是能量或危险物质的意外释放，作用于人体的过量的能量或干扰人体与外界能量交换的危险物质是造成人员伤害的直接因素。于是，把系统中存在的、可能发生意外释放的能量或危险物质称作第一类危险源。一般的，能量被解释为物体做功的本领。做功的本领是无形的，只有在做功时才显现出来。因此，实际工作中往往把产生能量的能力源或拥有能量的能力载体看作第一类危险源来处理。

第二类危险源：在生产和生活中，为了利用能量，让能量按照人们的意图在系统中流动、转换和做功，必须采取措施约束、限制能量，即必须控制危险源。约束、限制能量的屏蔽应该可靠地控制能量，防止能量意外释放。实际上，绝对可靠的控制措施并不存在。在许多因素的复杂作用下，约束、限制能量的控制措施可能失效，能量屏蔽可能被破坏而发生事故。导致约束、限制能量措施失效或破坏的各种不安全因素称为第二类危险源。人的不安全行为和物的不安全状态是造成能量或危险物质意外释放的直接原因。从系统安全的观点来考察，使能量或危险物质的约束、限制措施失效、破坏的原因即第二类危险源，包括人、物、环境三个方面的问题。

第二类危险源往往是一些围绕第一类危险源随机发生的现象，它们出现的情况决定事故发生的可能性。第二类危险源出现得越频繁，发生事故的可能性越大。

该理论认为事故的发生往往是两类危险源共同作用的结果。第一类危险源是伤亡事故发生的能量主体，是第二类危险源出现的前提，并决定事故后果的严重程度；第二类危险源是第一类危险源造成事故的必要条件，决定事故发生的可能性。两类危险源相互关联、相互依存。一些文献已对两类危险源理论的量化方法进行了探讨。

何学秋教授提出了事故致因中的“安全流变-突变理论”，分析了安全流变论的哲学基础和事故“安全流变理论”的基本特征，描述了煤矿事故的安全流变特征，即事故的孕育、发生、发展、损失、后效反馈过程中的不安全度的流变性。

该理论认为：任何事物的发生和发展都始终贯穿着安全和不安全这一对矛盾，一个事物从诞生到消亡就是一个“安全流变”过程。所谓的“安全流变”，就是事物在发展中的安全与不安全的矛盾运动过程，这一过程决定了事物发展的各个阶段的安全状态和故障状态，甚至消亡状态。事物安全与不安全的矛盾运动受两方面因素的影响：一是事物的内在因素，称为本质不安全因素；二是事物的外部因素，称为外部不安全因素。内、外因在一定条件下可以互相转化，本质不安全因素决定事物流变的性质和程序，外部不安全因素决定事物“安全流变”的速度和形式。

课堂讨论

事故致因理论是从本质上阐明工伤事故的因果关系，说明事故的发生发展过程和后果的理论。

实训任务

事故频发倾向的理论侧重于研究容易发生事故的个人。其优点是在事故的预防中能从人出发。缺点则是过分强调了人的个性特征在事故中的影响，把工业事故的原因归因于少数事故倾向者，它忽略了人与生产环境的统一。许多研究结果表明，事故频发倾向者并不存在，因此，事故频发倾向论事实上已被排除在事故致因理论当代论坛之外。

以此为例，对事故致因理论进行总结并对其优缺点进行研究，通过对一些主要的事故致因理论进行比较，分析其异同，提出各自的特点和适用条件。

随着研究的进一步深入，人们逐步将心理学、组织行为学、社会学等学科的研究成果应用于安全管理领域，人们认识到：人的行为受人的心理、生理因素的影响，人的行为是人的生理、心理因素的外在表现形式。其行为模式为：环境影响心理→心理支配行为→不安全行为导致事故。控制人的不安全行为必须从干涉人的不安全心理要素出发，从而改变人的外部环境刺激，进而消除人的不安全心理因素才能实现安全生产。

思考与练习题

1. 寻找你身边的真实案例，运用事故致因理论分析事故原因。
2. 事故致因理论都有哪些？
3. 海因里希提出的事故因果连锁过程包括哪些因素？

任务二　辨识事故类别

一、事故定义

辨识事故类别

事故的定义包括：

① 事故是一种发生在人类生产、生活活动中的特殊事件，人类的任何生产、生活活动过程中都可能发生事故。

② 事故是一种突然发生的、出乎人们意料的意外事件。由于导致事故发生的原因非常复杂，往往包括许多偶然因素，因而事故的发生具有随机性质。在一起事故发生之前，人们无法准确地预测什么时候发生、什么地方发生、发生什么样的事故。

③ 事故是一种迫使进行着的生产、生活活动暂时或永久停止的事件。事故中断、终止人们正常活动的进行，必然给人们的生产、生活带来某种形式的影响。因此，事故是一种违背人们意志的事件，是人们不希望发生的事件。

所谓安全生产事故，是指在生产经营活动中发生的意外的突发事件的总称，通常会造成人员伤亡或财产损失，使正常的生产经营活动中断。

二、事故特性

大量的事故调查、统计、分析表明，事故有其自身特有的属性。掌握和研究这些特性，对于指导人们认识事故、了解事故和预防事故具有重要意义。

1. 普遍性

自然界中充满着各种各样的危险，人类的生产、生活过程中也总是伴随着危险。所以，发生事故的可能性普遍存在。由于生产活动中普遍存在可能导致人员伤亡和财产损失的危险性，因此，就普遍存在发生事故的可能。危险是客观存在的，在不同的生产、生活过程中，危险性各不相同，事故发生的可能性也就存在着差异。这就要求从事任何工作都必须坚持“安全第一、预防为主”的方针，决不能掉以轻心。

2. 随机性

事故是偶然发生的，具有随机性特点。其发生的时间、地点、形式、规模、后果都是不确定的。人们不可能预测何时发生、何地发生、发生何种事故、何人受伤、何人死亡、损失何种财物。而只能通过各种迹象，即不安全因素的存在情况及以往发生事故的规律，判断在某个时间、地区范围内可能会发生什么事故。在一定的范围内，事故的随机性遵循数理统计规律，亦即在大量事故统计资料的基础上，可以找出事故发生的规律，预测事故发生概率的大小。即凭借概率统计分析确定事故发生的可能性。也就是在有统计价值的数据资料基础上，预测某一随机事件（事故）的发生概率大小、事故规模大小、损失多少。因此，事故统计分析对制定正确的预防措施具有重要作用。

3. 必然性

危险是客观存在的，而且是绝对的。因此，人们在生产、生活过程中必然会发生事故，只不过是事故发生的概率大小、人员伤亡的多少和财产损失的严重程度不同而已。人们采取措施预防事故，只能延长事故发生的时间间隔，降低事故发生的概率，而不能完全杜绝事故。

按照海因里希法则，事故发生次数比遵循下述规律：重伤及死亡事故∶轻伤事故∶无伤害事故＝1∶29∶300，这就是说，发生多起无伤害事故，必然会有轻伤事故发生；同理发生多起轻伤事故，必然会有重伤或死亡事故发生。轻伤事故孕育于无伤害事故之中，重伤或死亡事故孕育于轻伤事故和无伤害事故之中。因此，在日本某些企业明确提出“消灭300”的口号，就是要把事故消灭在萌芽状态之中，从无伤害事故或未遂事故着手预防和控制事故。

4. 因果性

事故是由系统中相互联系、相互制约的多种因素共同作用的结果。导致事故的原因多种多样。从总体上事故原因可分为人的不安全行为、物的不安全状态、环境的不良刺激作用。从逻辑上又可分为直接原因和间接原因等。这些原因在系统中相互作用、相互影响，在一定的条件下发生突变，即酿成事故。通过事故调查分析，探求事故发生的因果关系，搞清事故发生的直接原因、间接原因和主要原因，对于预防事故发生具有积极作用。

5. 紧急性

事故从发生、发展到结束，往往速度很快，允许组织和个人做出反应的时间很短。这就要求人们平时积累紧急对策和加强防灾训练，以便届时做出正确决策和迅速的反应，以尽量减少事故造成的损失。

系统由安全状态转化为事故状态实际上是一种突变现象。事故一旦发生，往往十分突然，令人措手不及。因此，制订事故预案、加强应急救援训练、提高作业人员的应激反应能力和应急救援水平，对于减少人员伤亡和财产损失尤为重要。

6. 危害性

凡是事故，特别是伤亡事故都会给个人、家庭、集体和社会带来损失或危害，乃至夺去人的生命，威胁企业的生存或影响社会的稳定。因此，是人们不期望的。

7. 潜伏性

事故的发生具有突变性，但在事故发生之前存在一个量变过程，亦即系统内部相关参数的渐变过程。所以事故具有潜伏性。一个系统，可能长时间没有发生事故，但这并非就意味着该系统是安全的，因为它可能潜伏着事故隐患。这种系统在事故发生之前所处的状态不稳定，为了达到系统的稳定态，系统要素在不断发生变化。当某一触发因素出现，即可导致事故。事故的潜伏性往往会引起人们的麻痹思想，从而酿成重大恶性事故。

8. 可预防性

尽管事故的发生是必然的，但我们可以通过采取控制措施来预防事故发生或者延缓事故发生的时间间隔。充分认识事故的这一特性，对于防止事故发生具有促进作用。通过事故调查，探求事故发生的原因和规律，采取预防事故的措施，可降低事故发生的概率。

三、事故分类

事故分类方法有很多种，可以按事故性质进行分类，也可以按伤害程度和伤害方式进行分类。我国在工伤事故统计中，主要是按照伤害方式，即导致事故发生的原因进行分类，将工伤事故分为 20 类。各种分类方式介绍如下。

1. 按事故的性质分类

事故性质可分为责任事故和非责任事故。责任事故是指可以预见、抵御和避免，但由于人的原因没有采取预防措施从而造成的事故。非责任事故包括自然灾害事故和技术事故，如地震、泥石流造成的事故。技术事故是指由于科学技术水平的限制，安全防范知识和技术条件、设备条件达不到应有的水平和性能，因而无法避免的事故。

在已发生的事故中，大量的属于责任事故。据有关部门对事故的分析，责任事故占 90％以上。

2. 按事故伤害的对象分类

事故可以分为伤亡事故和非伤亡事故。

伤亡事故只是企业职工在生产劳动过程中发生的人身伤害或急性中毒事故。

非伤亡事故是指企业在生产活动中，生产技术管理不善、个别职工违章、设备缺陷及自然因素等原因，造成的生产中断、设备损坏等事故。

3. 按事故伤害的程度分类

根据伤害程度的不同，伤亡事故大体分为轻伤事故、重伤事故、死亡事故、重大伤亡事故和特别重大事故几类。

（1）轻伤事故

轻伤事故是指一般伤害不太严重，休工在一个工作日以上的事故。

（2）重伤事故

凡具有下列情况之一的，均为重伤事故：

① 经医生诊断为残废或可能成为残废的。

② 伤势严重，需要进行较大的手术才能挽救的。

③ 人体要害部位严重的灼伤、烫伤或非要害部位的灼伤、烫伤占全身面积1/3以上的。

④ 严重骨折(胸骨、肋骨、脊椎骨、锁骨、肩胛骨、腕骨和脚骨等因受伤而引起骨折)、严重脑震荡等。

⑤ 眼部受伤较重,有失明可能的。

⑥ 手部伤害:大拇指轧断一节,食指、中指、无名指、小拇指任何一只轧断两节或任何两指各断一节的,局部肌腱受伤甚剧,引起机能障碍,不能自由伸屈、残废的。

⑦ 脚部伤害:脚趾断两只以上的,局部肌腱受伤甚剧,引起机能障碍,不能行走自如,可能残废的。

⑧ 内部伤害:内脏损伤,内出血或伤及腹膜等。

⑨ 凡不在上述范围内的伤害,经医生诊断后,认为受伤较重,可根据实际情况参考上述各点,由企业行政部门会同工会提出初步意见,报当地劳动部门审查确定。

(3) 死亡事故

死亡事故指死亡(含伤后一个月内死亡)3人以下的事故。

(4) 重大死亡事故

重大死亡事故是指死亡3人或3人以上、特大事故死亡人数以内的事故。

(5) 特别重大事故

凡具有下列情况之一的,均为特别重大事故:

① 民航客机发生的机毁人亡事故(死亡40人及以上),专机和外国民航客机在中国境内发生的机毁人亡事故。

② 铁路、水运、矿山、水利、电力事故造成一次死亡50人及以上,或一次造成直接经济损失1 000万元及以上的事故。

③ 公路和其他发生一次死亡30人及以上,或直接经济损失在500万元及以上的事故(航空、航天器科研过程中发生的事故除外)。

④ 一次造成职工居民100人及以上的急性中毒事故。

⑤ 其他性质特别严重、产生重大影响的事故。

4. 按事故伤害的方式分类

参照《企业职工伤亡事故分类》(GB 6441—1986)将危险因素分为20类,具体内容详见项目二的任务二。

四、事故分级

按照事故造成的损失量的大小,人们习惯用不同的词语描述事故的大小,由轻微到严重依次有:未遂事故,过错或者惊吓及危险迹象可能引起事故及没有造成损失的事件、事故、灾难、灾害或者大灾难等。

《生产安全事故报告和调查处理条例》第三条规定,根据生产安全事故(以下简称事故)造成的人员伤亡或者直接经济损失,事故一般分为以下等级:

① 特别重大事故,是指造成30人以上死亡,或者100人以上重伤(包括急性工业中毒,下同),或者1亿元以上直接经济损失的事故。

② 重大事故,是指造成10人以上30人以下死亡,或者50人以上100人以下重伤,或者5 000万元以上1亿元以下直接经济损失的事故。

③ 较大事故,是指造成3人以上10人以下死亡,或者10人以上50人以下重伤,或者

1 000万元以上 5 000 万元以下直接经济损失的事故。

④ 一般事故，是指造成 3 人以下死亡，或者 10 人以下重伤，或者 1 000 万元以下直接经济损失的事故。

课堂讨论

结合已学的事故基本特性，谈谈交通事故率常年高居榜首的原因。

实训任务

2012 年 10 月 10 日，一条关于“中国式过马路”的微博被多次转载。“中国式过马路”，就是“凑够一撮人就可以走了，和红绿灯无关”。这一调侃引起了不少人的共鸣，在调侃的同时又发出对交通违规、安全意识和国民素质等问题的反思与讨论。但也有人认为，这是因为我国对公民闯红灯处罚制度还不完善，更有甚者认为是国家物质文明没有充分发展，而且大多人认为闯红灯只是一件不足挂齿的小事，没有必要小题大做。

面对亮起的红灯，有多少人能安分守己地停下脚步呢？针对“中国式过马路”进行了实地的调查研究，希望通过此次调查，获得这一社会问题的存在现状，了解这种现象形成的原因，阐明其危害。以期找到问题的症结，得出一些应对的方法和各方需要努力的方向。

思考与练习题

1. 事故的特性都有哪些？
2. 根据生产安全事故造成的人员伤亡或者直接经济损失，事故一般分为哪几个等级？

任务三　事故统计分析

事故统计分析

事故是生动的反面教材，是未被列入计划的科学实验，获得实验数据需要付出惨重的代价。因此，任何一个实验结果都不容忽视，否则，会造成事故资源的浪费，造成悲剧的重演。

伤亡事故统计分析就是根据统计学原理，对大量的事故资料、数据进行加工整理和综合分析，从中揭示出事故发生的某些必然规律和事故分布特征，它是安全管理工作的一项重要内容。

科学准确的统计分析结果可以为各级领导及有关部门制订工作计划、规章制度和指导生产提供依据；通过数据比较各单位的安全生产水平，考核各部门的安全工作情况，能够促进企业安全管理水平的提高。同时，也为安全工作者掌握情况、明确问题、解决问题提供方便，特别是对分析事故成因的内在联系和事故分析的量化起着至关重要的作用。

一、事故统计分析方法

1. 事故统计分析的定义

事故统计分析就是以大量的伤亡事故资料为基础，应用数理统计的原理和方法，从宏观上探索伤亡事故发生原因及规律的过程。

事故统计分析方法是以研究伤亡事故统计为基础的分析方法，伤亡事故统计有描述统计法和推理统计法两种方法。

描述统计法用于概括和描述原始资料总体的特征。它可以提供一种组织归纳和运用资料的方法。最常用的描述统计有频数分布、图形或图表、算数平均值及相关分析等。

推理统计法是从一个较大的资料总体中抽取的样本来推断结论的方法。它的目的是使人们能够用数量来表示可能的论述。对伤亡事故原因的专门研究以及事故判定等主要应用推理统计法。

2. 事故统计的基本任务

① 对每起事故进行统计调查,弄清事故发生的情况和原因。

② 对一定时间内、一定范围内事故发生的情况进行测定。

③ 根据大量统计资料,借助数理统计手段,对一定时间内、一定范围内事故发生的情况、趋势以及事故参数的分布进行分析、归纳和推断。

事故统计的任务与事故调查是一致的。统计建立在事故调查的基础上,没有成功的事故调查,就没有正确的统计。调查要反映有关事故发生的全部详细信息,统计则抽取那些能反映事故情况和原因的最主要的参数。

事故调查从已发生的事故中得到预防相同或类似事故的发生经验,是直接的,是局部性的;而事故统计对于预防作用既有直接性,又有间接性,是总体性的。

3. 事故统计分析的目的

事故统计分析的目的,是通过合理地收集与事故有关的资料、数据,并应用科学的统计方法,对大量重复显现的数字特征进行整理、加工、分析和推断,找出事故发生的规律和事故发生的原因,为制定法规,加强工作决策,采取预防措施,防止事故重复发生,起到重要指导作用。

4. 事故统计分析的程序

事故统计分析的基本程序是:事故资料的统计调查、加工整理、综合分析。三者是紧密相连的整体,是人们熟悉事故本质的一种重要方法。

事故资料的统计调查,是采用各种手段收集事故资料,将大量零星的事故原始资料系统全面地集中起来。事故调查项目,应按事故调查目的设置,如事故发生的时间、地点,受害人的姓名、性别、年龄、工龄、工种、伤害部位、伤害性质,直接原因、间接原因,致害物,事故类型、事故经济损失,休工天数等。项目的填写方式,可采用数字式、是否式或文字式等。

事故资料的整理,是根据事故统计分析的目的进行恰当分组和进行事故资料的审核、汇总,并根据要求计算有关数值,统计分组。如按行业、事故类型、伤害严重程度、经济损失大小、性别、年龄、工龄、文化程度、时间等进行分组。审核汇总过程要检查资料的正确性,看资料的内容是否合乎逻辑,指标之间是否相互矛盾,通过计算检查有无差错。

事故资料的综合分析是将汇总、整理的事故资料及有关数据填进统计表或标上统计图,得出恰当的统计分析结论。

二、事故统计常用方法

1. 综合分析法

将大量的事故资料进行总结分类,将汇总整理的资料及有关数值形成书面分析材料或填入统计表或绘制统计图,使大量的零星资料系统化、条理化、科学化,从各种变化的影响中找出事故发生的规律性。

2. 分组分析法

按伤亡事故的有关特征进行分类汇总，研究事故发生的有关情况。如按事故发生企业的经济类型、事故发生单位所在行业、事故发生原因、事故类别、事故发生所在地区、事故发生时间、伤害部位等进行分组汇总统计伤亡事故数据。

3. 算术平均法

例如，2001 年 1—12 月全国工矿企业死亡人数分别 488、752、1 123、1 259、1 321、1 021、1 404、1 175、1 024、952、989、1 046，则可算出平均每月的死亡人数。

4. 相对指标比较法

如各省之间、各企业之间由于企业规模、职工人数等不同，很难比较，但采用相对指标，如千人死亡率、百万吨死亡率等指标则可以互相比较，并在一定程度上说明安全生产的情况。

5. 统计图表法

统计表是将事故资料数字制成表格，利用表中的绝对指标或相对指标来表示各类事故统计数字的关系。

统计图用点的位置、线的转向、面积的大小来形象地表达伤亡事故的统计结果。

常用的统计图有以下三种：

① 趋势图。即折线图，直观地展示伤亡事故的发生趋势。

② 柱状图。能够直观地反映不同分类项目所造成的伤亡事故指标大小比较。

③ 饼图。即比例图，可以形象地反映不同分类项目所占的百分比。

6. 排列图

排列图也称主次图，是直方图与折线图的结合，直方图用来表示属于某项目的各分类的频次，而折线点则表示各分类的累积相对频次。排列图可以直观地显示出属于各分类的频数的大小及其占累积总数的百分比。

用横坐标表示分类项目、纵坐标表示频数，沿分类项目直方图的右侧边或中心线标注相应累积频数的点，并连成累积相对频数折线。累积相对频数折线的终点值为 100%，可按此将右方纵坐标分成相应的刻度。

7. 控制图

控制图又叫管理图，把质量管理控制图中的不良率控制图方法引入伤亡事故发生情况的测定中，可以及时察觉伤亡事故发生的异常情况，有助于及时消除不安定因素，起到预防事故重复发生的作用。伤亡事故控制图有伤亡人次控制图和伤亡率控制图两种。

(1) 伤亡人次控制图

对于一定生产过程、劳动条件、职工人数较为稳定的部门，可以制作伤亡事故人次控制图。伤亡事故人次控制图的控制范围是一个以时间为横坐标、以伤亡人次为纵坐标的坐标图上的矩形图，矩形的上、下两边分别称为控制上限和下限，其间的中心线所对应的纵坐标为平均值。平均值是根据一个大的时间内的实际数据得到的。

(2) 伤亡率控制图

对于一定生产过程、劳动条件较为稳定的部门(即工作性质及其危险性无根本性变化)，可以制作伤害频率控制图、事故发生率控制图和千人伤亡率控制图，原理同伤亡人次控制图。

三、事故统计分析指标体系

事故统计指标体系指标通常分为绝对指标和相对指标。

绝对指标是指反映伤亡事故全面情况的绝对数值，如事故次数、死亡人数、重伤人数、轻伤人数、直接经济损失、损失工作日等。

相对指标是伤亡事故的两个相联系的绝对指标之比，表示事故的比例关系，如千人死亡率、千人重伤。

为了综合反映我国生产安全事故情况，国家安全生产监督管理局成立后，围绕国家安全生产工作的总体思路和部署，结合我国经济发展和行业特点，借鉴国外先进的生产安全事故指标体系和分析方法，对统计指标体系进行了改革，提出了适应我国的生产安全事故统计指标体系。

改革后的生产安全事故指标体系的内容分为四大类，具体介绍如下。

1. 综合类伤亡事故统计指标体系

包括事故起数、死亡事故起数、死亡人数、受伤人数、直接经济损失、重大事故起数、重大事故死亡人数、特大事故起数、特大事故死亡人数、特别重大事故起数、特别重大事故死亡人数、重大事故率、特大事故率。

2. 工矿企业类伤亡事故统计指标体系

(1) 煤矿企业伤亡事故统计指标

包括伤亡事故起数、死亡事故起数、死亡人数、重伤人数、轻伤人数、直接经济损失、损失工作日、重大事故起数、重大事故死亡人数、特大事故起数、特大事故死亡人数、特别重大事故起数、特别重大事故死亡人数、百万吨死亡率、千人死亡率、千人重伤率、百万工时死亡率、重大事故率、特大事故率。

(2) 金属和非金属矿企业(原非煤矿山企业)伤亡事故统计指标

包括伤亡事故起数、死亡事故起数、死亡人数、重伤人数、轻伤人数、直接经济损失、损失工作日、重大事故起数、重大事故死亡人数、特大事故起数、特大事故死亡人数、特别重大事故起数、特别重大事故死亡人数、千人死亡率、千人重伤率、百万工时死亡率、重大事故率、特大事故率。

(3) 工商企业(原非矿山企业)伤亡事故统计指标

包括伤亡事故起数、死亡事故起数、死亡人数、重伤人数、轻伤人数、直接经济损失、损失工作日、重大事故起数、重大事故死亡人数、特大事故起数、特大事故死亡人数、特别重大事故起数、特别重大事故死亡人数、千人死亡率、千人重伤率、百万工时死亡率、重大事故率、特大事故率。

(4) 建筑业伤亡事故统计指标

包括伤亡事故起数、死亡事故起数、死亡人数、重伤人数、轻伤人数、直接经济损失、损失工作日、重大事故起数、重大事故死亡人数、特大事故起数、特大事故死亡人数、特别重大事故起数、特别重大事故死亡人数、千人死亡率、千人重伤率、百万工时死亡率、重大事故率、特大事故率。

(5) 危险化学品伤亡事故统计指标

包括伤亡事故起数、死亡事故起数、死亡人数、重伤人数、轻伤人数、直接经济损失、损失工作日、重大事故起数、重大事故死亡人数、特大事故起数、特大事故死亡人数、特别重大事故起数、特别重大事故死亡人数、千人死亡率、千人重伤率、百万工时死亡率、重大事故率、特大事故率。

(6) 烟花爆竹伤亡事故统计指标

包括伤亡事故起数、死亡事故起数、死亡人数、重伤人数、轻伤人数、直接经济损失、损失工作日、重大事故起数、重大事故死亡人数、特大事故起数、特大事故死亡人数、特别重大事故起数、特别重大事故死亡人数、千人死亡率、千人重伤率、百万工时死亡率、重大事故率、特大事故率。

3. 行业类事故统计指标体系

(1) 道路交通事故统计指标

包括事故起数、死亡事故起数、死亡人数、受伤人数、直接财产损失、重大事故起数、重大事故死亡人数、特大事故起数、特大事故死亡人数、特别重大事故起数、特别重大事故死亡人数、万车死亡率、十万人死亡率、生产性事故起数、生产性事故死亡人数、重大事故率、特大事故率。

(2) 火灾事故统计指标

包括事故起数、死亡事故起数、死亡人数、受伤人数、直接财产损失、重大事故起数、重大事故死亡人数、特大事故起数、特大事故死亡人数、特别重大事故起数、特别重大事故死亡人数、百万人火灾发生率、百万人火灾死亡率、生产性事故起数、生产性事故死亡人数、重大事故率、特大事故率。

(3) 铁路交通事故统计指标

包括事故起数、死亡事故起数、死亡人数、受伤人数、直接经济损失、重大事故起数、重大事故死亡人数、特大事故起数、特大事故死亡人数、特别重大事故起数、特别重大事故死亡人数、百万机车总走行公里死亡率、重大事故率、特大事故率。

(4) 民航飞行事故统计指标

包括飞行事故起数、死亡事故起数、死亡人数、受伤人数、重大事故万时率、亿客公里死亡率。

(5) 农机事故统计指标

包括伤亡事故起数、死亡事故起数、死亡人数、重伤人数、轻伤人数、直接经济损失、重大事故起数、重大事故死亡人数、特大事故起数、特大事故死亡人数、特别重大事故起数、特别重大事故死亡人数、重大事故率、特大事故率。

(6) 渔业和其他事故统计指标

包括事故起数、死亡事故起数、死亡和失踪人数、受伤人数、直接经济损失、重大事故起数、重大事故死亡人数、特大事故起数、特大事故死亡人数、特别重大事故起数、特别重大事故死亡人数、千艘船事故率、重大事故率、特大事故率。

4. 地区安全评价类统计指标体系

包括死亡事故起数、死亡人数、直接经济损失、重大事故起数、重大事故死亡人数、特大事故起数、特大事故死亡人数、特别重大事故起数、特别重大事故死亡人数、亿元国内生产总值(GDP)死亡率、十万人死亡率。

四、工伤事故频率计算方法

① 千人死亡率：表示在某个时期内平均每千名职工中，因工伤事故而造成的死亡人数。

其计算方法是：

千人死亡率=(死亡人数/平均在册职工人数)×1 000

② 千人重伤率：表示在某个时期内平均每千名职工中，因工伤事故而造成的重伤人数。其计算方法是：

千人重伤率=(重伤人数/平均在册职工人数)×1 000

③ 千人伤亡率：表示在某个时期内平均每千名职工中因工伤事故而造成的伤亡人数(含死亡、重伤、轻伤人数之和)。其计算方法是：

千人伤亡率=(伤亡人数/平均在册职工人数)×1 000

④ 百万工时伤害率：表示在某个时期内，平均每百万工时因工伤事故而造成的伤亡人数(含死亡、重伤、轻伤人数之和)。其计算方法是：

百万工时伤害率=(伤亡人数/实际总工时数)×10^6

⑤ 工伤事故严重程度的计算：

a. 伤害严重率：表示在某个时期内平均每百万工时因工伤事故而造成的损失工作日数。其计算方法是：

伤害严重率=(损失工作日总数/实际总工时数)×10^6

b. 平均伤害严重率：是指某个时期内因工伤事故而造成每人次受伤害的平均损失工作日数。其计算方法是：

平均伤害严重率=伤害严重率/百万工时伤害率=损失工作日总数/伤害人数

五、伤亡事故经济损失计算方法

伤亡事故经济损失计算方法和标准按照《企业职工伤亡事故经济损失统计标准》进行计算。伤亡事故经济损失是指企业职工在劳动生产过程中发生伤亡事故所引起的一切经济损失，包括直接经济损失和间接经济损失。

1. 直接经济损失

指因事故造成人身伤亡及善后处理支出的费用和毁坏财产的价值。

2. 间接经济损失

指因事故导致产值减少、资源破坏和受事故影响而造成其他损失的价值。

3. 直接经济损失的统计范围

(1) 人身伤亡后所支出的费用

① 医疗费用(含护理费用)。

② 丧葬及抚恤费用。

③ 补助及救济费用。

④ 歇工工资。

(2) 善后处理费用

① 处理事故的事务性费用。

② 现场抢救费用。

③ 清理现场费用。

④ 事故罚款和赔偿费用。

(3) 财产损失价值

① 固定资产损失价值。

② 流动资产损失价值。

4. 间接经济损失的统计范围

① 停产、减产损失价值。

② 工作损失价值。

③ 资源损失价值。

④ 处理环境污染的费用。

⑤ 补充新职工的培训费用。

⑥ 其他损失费用。

六、事故伤害损失工作日计算方法

事故伤害损失工作日的计算，在《事故伤害损失工作日标准》(GB/T 15499—1995)中给出了比较详细的说明。

标准规定了定量记录人体伤害程度的方法及伤害对应的损失工作日数值。该标准适用于企业职工伤亡事故造成的身体伤害。

标准共分以下几个方面计算损失工作日：

① 肢体损伤。

② 眼部损伤。

③ 鼻部损伤。

④ 耳部损伤。

⑤ 口腔、面部损伤。

⑥ 头皮、颅脑损伤。

⑦ 颈部损伤。

⑧ 胸部损伤。

⑨ 腹部损伤。

⑩ 骨盆部损伤。

⑪ 脊柱损伤。

⑫ 其他损伤。

在每一类中又有许多小的类别，在计算事故伤害损失工作日时再细分。

课堂讨论

为什么要进行事故统计分析？进行事故统计分析，对安全管理有哪些意义？

实训任务

为进一步规范企业生产安全事故的等级界定，确保企业安全生产秩序顺利进行，根据相关规定，各企业均要制定相应的人身事故和非伤亡事故等级标准。事故一旦发生，往往造成人员伤亡或设备、装置、构筑物等的破坏。工伤事故综合统计分析是以工伤事故资料为基础，对涉及的事故类别、原因、所在工序/系统、工伤人数等诸多基本信息，从宏观上探索事故发生的原因及规律。

思考与练习题

1. 事故统计分析的目的是什么?
2. 事故统计分析常用的方法有哪些?

任务四 能力实践——国内近年高支模架坍塌事故案例统计与分析

近年来,国内建筑工程中模板支撑架坍塌、群死群伤事故频发,成为建设工程的重大危险源。通过对国内30多年来多个模板支撑架坍塌事故案例的事故原因加以分析,归纳事故发生的共性,从而在类似工程施工中对安全隐患进行主动防范,避免事故发生。

一、事故案例统计

分析全国各地近年发生的68个建筑施工模板支撑系统失稳坍塌事故案例(表3-1),因各种原因,尚有众多案例未被检索到,或因事故信息不明而未列入,而在所列案例中亦有若干案例仅知事故伤亡情况而未知事故发生原因。本任务仅对坍塌事故原因较明确的案例展开分析。

二、事故原因归纳

1. 事故发生年份

事故发生年份集中在2000—2006年,该时期高大空间的建筑结构不断出现,但施工队伍对高大空间支模架大荷载、高支撑的力学特性尚无清晰认识,仍沿用钢管扣件脚手架的概念与普通楼层支模的搭设方法,导致搭设的高大空间支模架普遍存在多处安全隐患。2006年以后,建设行政主管部门要求高大空间支模架施工前应进行论证,并在施工中严加监督,因此遏制了事故发生数量的快速增长趋势,如图3-1所示。

2. 事故发生地域

所列事故案例发生地,主要分布在长江以南,尤其集中在经济发达、人口众多、建设规模庞大、交通路轨密集的华东、华南、华中各省份,占总数的70%左右;西南、西北、华北、东北也有少数案例,占总数的30%左右,案例分布比例如图3-2所示。

3. 事故发生部位

坍塌事故主要发生在现浇混凝土框架结构的大跨度屋盖、中庭屋盖、大截面梁及道路高架桥的现浇混凝土结构梁等,其分布比例如图3-3所示。

4. 支撑空间尺寸

坍塌事故多发生在高大空间施工中,空间高度多在10 m以上,结构跨度在15 m以上,支撑面积在200 m^2以上。桥梁的高度达20 m以上,跨度大于30 m。

5. 发生过程

坍塌事故主要发生在现浇大跨度混凝土屋盖的浇注过程中,网架结构屋面安装过程中也发生过材料集中堆放导致的坍塌事故。

表 3-1 国内近年建筑施工模板支撑系统失稳坍塌事故概况表

序号	时间	地点	工程名称	施工单位	坍塌部位	坍塌空间/m			伤亡人数		事故原因
						高	跨	长	死	伤	
2000 年以前											
1	1992-10-10	湖南	湖南某水泥厂	良田镇建筑公司	熟料棚	19	10	25	9	12	无专项施工方案，木支撑架三维尺寸过大
2	1993-03-03	福建	德化县水泥厂		成品库屋面				2	3	模板支撑失稳倒塌
3	1993-03-04	广东	揭阳市政府		门楼				4		
4	1993-04-04	重庆	某工程学院		军体棚屋面		36		2	2	屋面燕形梁模板支撑系统失稳，8 榀梁倒塌
5	1993-05-14	湖南	株州桥梁厂文体活动楼		屋面				1	2	已浇 342 m^3 混凝土随同模板一起倒塌
6	1993-05-21	大连	金门物流有限公司		屋面				2	2	刚浇筑完 560 m^2 屋面混凝土
7	1993-08-31	福建	武夷山市某加油站工程		网架屋盖				7	1	
2000—2001 年											
8	2000-08-11	湖南	郴州建行燕泉路住宅区		大门顶板				4		浇筑混凝土中支模架坍塌
9	2000-09-10	江西	景德镇某办公楼	景德镇某建筑公司	大门横梁雨篷	5.5			3	9	支撑木杆立于软地面、立杆接头在同一断面
10	2000-10-25	江苏	南京电视台演播厅	南京三建上海分公司	演播厅屋盖	38	26	24	6	35	支撑架三维尺寸大，立杆不垂直且顶部搭接，剪刀撑少，架体与四周结构拉撑点太少
11	2000-11-16	上海	上海提桥纺染公司厂房		锅炉房屋面				11	2	立杆水平间距大、无剪刀撑、水平拉结杆少
12	2001-11-01	辽宁	沈阳东陵区某办公楼		中庭屋盖	15	20	36	5	1	无方案、木立杆直径过细、间距 0.7～0.8 m、底部无垫板、步距 1.7～1.9m、水平撑和剪刀撑缺少、四周与现有结构未拉结或支撑
2002 年											
13	2002-02-08	四川	自贡某大桥		桥梁				3	7	荷载试验未对称加载，桥身承受偏载导致支撑架坍塌
14	2002-02-28	深圳	某电厂		运转站屋面				1	2	擅拆屋面模板支撑架杆件
15	2002-05-06	湖南	江永城南加油站		雨棚屋盖	6			7	6	木支撑架立杆间距大
16	2002-07-25		某大学新校区歌剧院		屋面	21.8	18		4	20	

表 3-1(续)

序号	时间	地点	工程名称	施工单位	坍塌部位	坍塌空间/m			伤亡人数		事故原因
						高	跨	长	死	伤	
2003年											
17	2003-02-18	浙江	杭州UT斯达康生产中心		厂房屋顶				13	16	无方案，搭设成未验收
18	2003-03-12		某印染厂整染车间		厂房屋顶		1 000 m^2		2	7	
19	2003-08-09	福建	厦门群鑫机械工业公司		厂房屋顶				7	38	
20	2003-10-07	广东	江门益华广场		中庭屋盖				16	5	
2004年											
21	2004-01-05	江西	井冈山师院学生会堂	江西一建公司	礼堂屋顶	22			5	1	浇筑混凝土时模板支撑系统失稳坍塌
22	2004-01-15	江苏	南京双桥门立交桥体系		桥梁					15	无剪刀撑、无扫地杆，浇筑工序不当
23	2004-02-26	河南	某办公楼		大门檐顶	15	15	8	5	9	浇筑时模板支撑系统失稳坍塌
24	2004-04-10	江苏	常州某印刷厂		厂房屋顶				3	7	
25	2004-06-14	辽宁	沈阳泰宸湖畔家园G座	南通三建大连分公司	电梯井屋盖				3		
26	2004-06-28	广西	马山县某厂房		厂房屋顶				3	11	
27	2004-09-01	江苏	江苏省商业管理干部学院现代教育中心	江苏龙海建工集团南京分公司	连廊屋盖	18	16		5	17	无方案、未交底、架子工无上岗证、立杆间距太大、水平拉结杆未双向设置、无剪刀撑与扫地杆、架体与周边结构拉结点太少、搭设后未验收擅自浇筑
2005年											
28	2005-01-10	浙江	嘉兴某购物广场		商场屋顶				1	8	
29	2005-03-28	江苏	南京奥体中央花园地下车库	浙江某建筑公司	一层顶板	6	10 000 m^2		1	4	立杆间距太大、水平拉结杆未双向设置、无剪刀撑与扫地杆、5条泵管架在模板上同时浇筑

表 3-1(续)

序号	时间	地点	工程名称	施工单位	坍塌部位	坍塌空间/m			伤亡人数		事故原因
						高	跨	长	死	伤	
30	2005-05-13	河北	秦皇岛文化广场	秦皇岛建筑工程公司	E区门厅屋顶梁板					12	
31	2005-07-30	重庆	合川电厂汽轮机机座		框架纵梁	12.6			5	7	
32	2005-09-05	北京	北京西西4号地项目	第二十二冶建公司	中庭屋盖	21.08	16.8	25.2	8	21	方案未审批、无交底、无剪刀撑、板底立杆搭接、立杆步距1.4～1.7 m、立杆顶部悬臂长度1.8m、扣件预紧力矩不足、钢管与扣件质量不合格
33	2005-12-14	河北	石家庄桥东污水处理厂	北京长城贝尔芬格伯格建筑有限公司	污水消化池				6		模板支撑系统坍塌
2006年											
34	2006-01-22	浙江	绍兴华美三立汽车零部件厂一期	浙江振阳建设公司	厂房屋盖				2	2	支模架未按方案搭设、立杆间距太大
35	2006-02-25	福建	南安市客运联检大楼		候车厅屋顶	11.7				5	模板支撑系统的强度、刚度和稳定性差
36	2006-05-19	辽宁	沈阳音乐学院大连校区教学楼		中庭屋盖	20			6	18	无方案、钢管厚度薄、在第一次浇灌混凝土未达强度就开始二次浇灌
37	2006-06-28	广西	马山县广源铁合金厂		厂房屋顶				3	11	
38	2006-08-24	江苏	溧阳江苏扬子水泥有限公司水泥生产线原料磨房	上海聚宝集团公司 上海巨仁劳务公司	厂房三层结构				4	2	无方案、支模架立杆接头在同一水平面、无纵横向及水平剪刀撑
39	2006-08-29	福建	厦门同安湾大桥B标段	中铁十七局六公司	桥梁箱梁体	10.4		15.5		17	方案未考虑大潮、风、雨对地基的影响,立杆接头未交错布置,扫地杆、剪刀撑、斜撑不足或间距大,部分钢管壁厚不足、垫板尺寸小、扣件预紧力矩小,整架搭成后未预压
40	2006-08-31	甘肃	兰州市天星科技园会所		中庭屋盖				3		

表 3.1(续)

序号	时间	地点	工程名称	施工单位	坍塌部位	坍塌空间/m			伤亡人数		事故原因
						高	跨	长	死	伤	
41	2006-09-01	广东	佛山中海地产金沙湾会所						3	3	
42	2006-09-20	新疆	新疆师范大学文科综合楼	新疆建工集团					1		
43	2006-09-30	山东	淄博付山碳酸钙场厂房	山东四明建设有限公司	厂房屋顶				3	1	
44	2006-10-02	山东	聊城鲁西化工集团东阿化工工业基地厂房工程		厂房屋顶				3		
45	2006-10-08	江苏	南京江宁翠屏山庄	南通三建	地下室顶板	6.5	7.8	6.9	1	2	水平拉杆未每步双向设置、无扫地杆、架体顶部横杆未设置双扣件、剪刀撑少
46	2006-11-01	江苏	无锡太湖镇江南灯饰公司	亨利富建筑工程公司	厂房二层楼面	10.8			1	5	钢管等材料不符合要求
47	2006-11-14	湖北	武汉塔子湖体育中心	武汉广银劳务公司	三区三层楼面	600 m^2				18	立杆底部无垫板、支撑杆间距 0.85～1.2 m、未设置双向剪刀撑、无扫地杆、立杆接头在同一高度、钢管壁厚不均、立杆上部多处采用搭接
48	2006-11-30	江西	南昌公安局指挥中心附楼	武汉建工集团	多功能厅屋面梁板						
49	2006-12-29	江西	九江亚东水泥公司	镇江四建集团公司	生料磨坊车间				4	6	
2007 年											
50	2007-02-04	福建	厦门福隆体育公园运动馆	安徽建工集团公司	乒乓球馆屋面	15.7	36			4	方案未论证，支撑架未按方案搭设，扫地杆、水平拉杆、剪刀撑及主梁顶托等漏设严重，浇筑方向不合适
51	2007-02-12	广西	广西医科大学图书馆二期	广东省八建公司	演讲厅舞台屋面	24	450 m^2		7	7	未设置水平剪刀撑和横向剪刀撑，纵向剪刀撑数量不足，连墙件数量少、设置方式错误

表 3-1(续)

序号	时间	地点	工程名称	施工单位	坍塌部位	坍塌空间/m			伤亡人数		事故原因
						高	跨	长	死	伤	
52	2007-05-28	河北	石家庄河北科技大学新校区	河北宏远建安公司	106 号建筑物					6	
53	2007-09-04	山东	淄博职业学院图书信息行政中心综合楼	中建八局一公司 济南朝阳劳务公司	附楼礼堂				4	8	无方案、无交底、地基不均匀沉降、杆件间距过大、混凝土浇筑顺序错误
54	2007-09-06	河南	郑州富田太阳城家居广场	郑州振兴建安公司	中庭屋盖				7	17	梁下立杆水平间距 1.3 m、无剪刀撑和扫地杆
55	2007-11-25	山西	侯马西客站候车大厅	浙江城建总公司	候车厅屋盖				3	6	支撑架搭设不规范，立杆、横杆间距均偏大
56	2007-12-18	湖南	株洲湖南凯风科技物流基地	湖南同辉建筑公司	A 栋 2 区层面					11	未按方案施工，支撑架钢管、扣件不合格
2008 年											
57	2008-01-02	安徽	合肥威尼斯水城	合肥瑶海建安公司	三层中庭屋盖				1	8	
58	2008-01-06	天津	蓟县盘山风景区盘山金碧会议中心	天津三建、安阳豫丰建筑劳务公司					1	5	
59	2008-03-11	广东	广州长和汽车销售公司	东莞创华装饰公司	四层电梯井屋顶	15			4	2	梁底木方断裂、木支撑杆间距太大
60	2008-03-13	陕西	法门寺佛文化景区一期		正圣门牌楼	30		40	3	5	
61	2008-04-06	安徽	合肥金水童话名苑 2-N 楼	安徽亚坤建设集团	二层顶构架				2	2	
62	2008-04-08	江西	东风大道鸿祥商住楼	都昌县二建公司	二层楼面				1	1	
63	2008-04-30	湖南	长沙上河国际商业广场	湖南长大建设集团	B 区东裙楼中庭	21			8	3	轻钢屋盖擅改混凝土结构
64	2008-05-03	安徽	蚌埠大学城龙湖体育馆	北京建工集团					3	4	

表 3-1(续)

序号	时间	地点	工程名称	施工单位	坍塌部位	坍塌空间/m			伤亡人数		事故原因
						高	跨	长	死	伤	
65	2008-06-09	陕西	西安世家星城三期K车库	陕西省一建公司	顶层		300 m^2		2		未验算支撑架、未编制方案、未交底，安排木工搭设支撑架；支撑无垫板、扫地杆、剪刀撑，水平纵横杆间距过大，部分立杆错位搭接，部分立杆对接位置处于同一水平面，固定扣件数量不足且多数扭矩过低；未验收即浇筑顶层混凝土，浇筑时人员在架体下加固
66	2008-06-27	江苏	常州虹北消费品综合市场		屋顶	20			5	11	东北角支模架在浇筑中坍塌
67	2008-07-11	重庆	轨道交通高架两路口站		轨道交通高架				1	15	
68	2008-12-13	广东	广州—广清高速江南农贸市场路段高架桥		26联4跨桥梁				1	7	

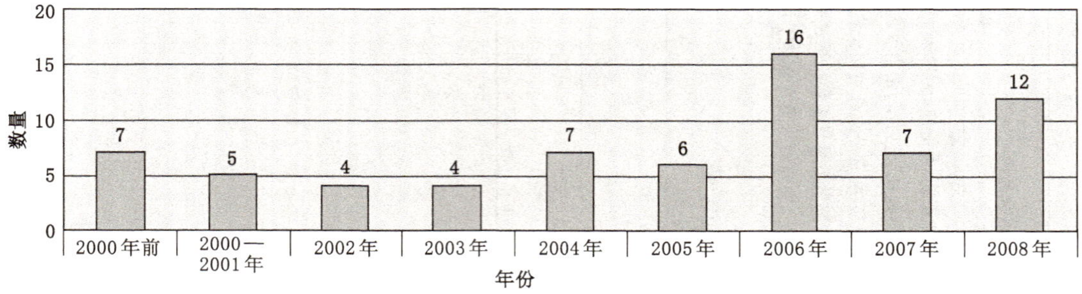

图 3-1　支模坍塌事故发生年份分布

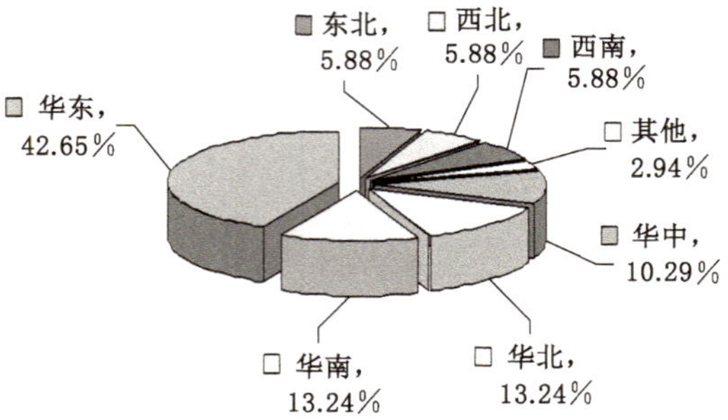

图 3-2　高支模架坍塌事故地域分布

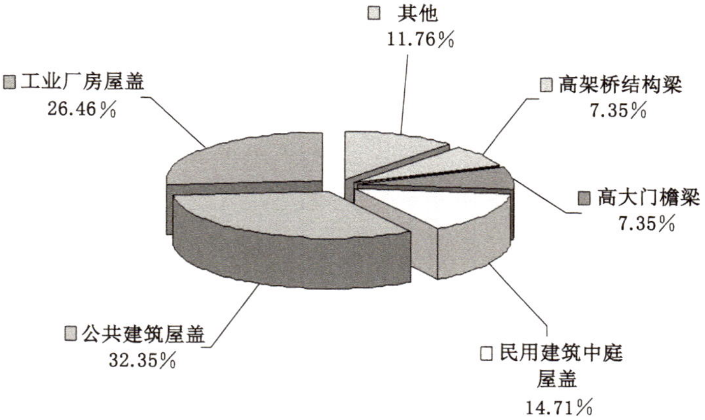

图 3-3　高支模架坍塌事故发生工程部位

6. 支撑架材料

发生高支模坍塌事故的高支模架材料大多数为钢管、扣件，少数为木杆。施工方案采用标准扣件、钢管设计支模架，在工程中使用远低于国家标准规定重量、尺寸的劣质扣件及壁薄钢管，现场搭设的支模架的承载能力大为降低，这是事故发生的普遍原因。木支撑杆在华南、华东山区普遍应用，其含水率高、初弯曲大、承载能力低，仅能用于小荷载、低矮空间模板支撑架。2003 年后发生坍塌事故的项目中未见木杆作为支撑架，在今后也应限制使用、逐渐淘汰。

7. 支撑架三维结构尺寸

发生坍塌事故的高支模架在施工方案设计中多未根据所支承的荷载设计合理架体结构三维尺寸，且主要采用钢管、扣件搭设，如疏于管理，搭设的架体结构三维尺寸往往偏大，大大降低了支撑架的承载能力，在表 3-1 所列事故案例中约占 25%。

8. 支模架构造错误

① 在软地面上搭设支撑架时，立杆底部未设垫板的，案例中占 4.41%。

② 无扫地杆或扫地杆不足的，案例中占 11.76%。

③ 立杆接头在同一水平面上的，案例中占 5.88%。

④ 扣件预紧力矩不足的，案例中占 4.41%。

⑤ 支模架结构节点未双向安装水平连接杆的，案例中占 8.82%。但工地上为节省钢管、扣件的用量，各步交替方向设置水平拉杆的方法很普遍，采用该方法搭设的支撑架立杆的计算长度，在无水平杆方向上为两倍步距，因此承载能力大为下降，这是多起发生坍塌的支撑架的共同原因之一，如案例 10（南京电视台演播厅屋盖）、27（江苏省商业管理干部学院现代教育中心连廊屋盖）、29（南京奥体中央花园地下车库顶板）、45（南京江宁翠屏山庄地下室顶板），而在许多事故鉴定资料中未指出，可能未予认识，导致统计数据偏低。

⑥ 立杆顶部自由悬高尺寸太大的，案例中占 2.94%。立杆顶部自由悬高尺寸超过一定数值时，立杆承受垂直荷载的能力大为下降，这是发生坍塌事故最重要的原因之一，甚至是事故发生的诱因，如案例 32（北京西西 4 号地项目）。

⑦ 立杆最高节点未采用双扣件的，案例中占 1.47%。

⑧ 无剪刀撑或剪刀撑太少的，资料中约占 16%。这在事故原因中占最大比例，如在国内影响较大的案例 10（南京电视台演播厅屋盖）、11（上海题桥纺染公司厂房）、27（江苏省商业管理干部学院现代教育中心连廊屋盖）、47（武汉塔子湖体育中心）、51（广西医科大学图书馆二期）、54（郑州富田太阳城家居广场）、65（西安世家星城三期 K 车库）。剪刀撑是支撑架结构刚度与承载能力的主要保证措施，相关行业标准在架体立面、水平面上均应设置。

⑨ 支模架与四周结构拉撑点偏少的，案例中占 5.88%。拉撑点少导致支撑架的结构刚度降低，是造成事故的重要原因，如案例 10（南京电视台演播厅屋盖）、11（上海题桥纺染公司厂房）、12（沈阳东陵区某办公楼）、27（江苏省商业管理干部学院现代教育中心连廊屋盖）、51（广西医科大学图书馆二期）等。

9. 管理不善

① 未编制施工方案的，在案例中约占 10%。

② 对高大空间支撑体系的技术特性不熟悉，设计的支撑架三维尺寸偏大的，在案例中约占 10%。

③ 施工方案未履行审批、交底程序的，案例中约占 8%。

④ 允许无架子工上岗证人员搭设支撑架的，在案例中约占 10%。

⑤ 未按施工方案搭设支模架，或支模架结构三维尺寸过大的，在案例中约占 10%。

⑥ 搭设完成未进行验收程序、无浇筑令即开始浇筑的，在案例中约占 10%。

10. 施工工艺不当

① 浇筑顺序不当，导致支模架偏载、坍塌的，在案例中约占 5.88%。

② 泵管靠在支模架上，其振动摇晃支模架的，在案例中约占 2.94%。

③ 屋盖混凝土浇筑中派遣工人在模板下加固架体，进行交叉作业的，在案例中约占 10%。该工艺是严重违章行为，扩大了事故伤亡人数。

表 3-1 案例资料反映出事故单位管理人员、技术人员、施工人员存在安全意识欠缺、技术水平低下、责任心不足等主观上的问题，大部分项目存在多处安全隐患，而这些隐患之一即可能导致支模架坍塌事故，因此大大增加了事故发生的概率。对事故原因的统计与分析，对建筑业职工的安全教育提供了大量反面教材，不但有着重要的警示意义，也为施工现场支模架坍塌事故的防范指明了目标。

项目四 事故调查

走进课堂

2008 年世界卫生组织的事故调查显示，大约 50%～60%的交通事故与酒后驾驶有关，酒后驾驶已经被列为车祸致死的主要原因。在中国，每年由于酒后驾驶引发的交通事故达数万起，而造成死亡的事故中 50%以上都与酒后驾车有关。酒后驾驶的危害触目惊心，已经成为交通事故的第一大“杀手”。2010 年 8 月，第十一届全国人民代表大会常务委员会第十六次会议首次审议刑法修正案(八)草案，醉酒驾驶或被判刑。

在酒后驾驶酿成的惨剧中，有多少是源自驾驶员的侥幸心理？有多少是源自驾驶员对酒精的错误认识？

根据对 4 538 位网友的调查，有 81.29%的被调查者同意酒后驾驶属于违法行为，但在被问及是否有过酒后驾驶行为时，仅有 20.63%的被调查者表示从未有过酒后驾驶的行为。在被问及酒后驾驶人员存在何种心理时，有 39.84%的被调查者认为酒后驾驶人员过高地相信自己的驾驶技术，27.35%的被调查者认为酒后驾驶人员的安全意识不强。另外，有 18.97%的被调查者认为酒后驾驶人员存在侥幸心理。

任务一 事故调查的准备

事故调查的准备

在安全管理工作中，对已发生的事故进行调查处理是极其重要的一环。根据事故的特性可知，事故是不可避免的，但我们可以通过事故预防等手段降低其发生的概率或控制其产生的后果。事故预防是一种管理职能，而事故预防工作在很大程度取决于事故调查。因为通过事故调查获得的相应的事故信息对于认识危险、抑制事故起着至关重要的作用。而且事故调查与处理，特别是重特大事故的调查与处理会在相当的范围内产生很大的影响。因此事故调查是确认事故经过、查找事故原因的过程，是安全管理工作的一项关键内容，是制定最佳的事故预防对策的前提。

所谓事故调查，我们可以定义为在事故发生之后，为获取有关事故发生原因的全面资料，找出事故的根本原因，防止类似事故的发生而进行的调查。

事故调查是一门科学，也是一门艺术。说它是一门科学，是因为事故调查工作需要特定的技术和知识，包括事故调查专门技术的掌握，如飞机事故调查人员既应熟悉事故分析测定技术，也应了解飞机的结构、原理及相关设备；说它是一门艺术，则因为事故调查工作需要具有丰富的经验及综合处理信息并加以分析的能力，有时甚至要凭直觉，这些并不是简单的教育培训所能达到的。

因而，真正掌握事故调查的过程及方法，特别需要理论与实践的紧密结合。

一、事故调查与安全管理

概括起来，事故调查工作对于安全管理的重要性可归纳为以下几个方面。

1. 是最有效的事故预防方法

事故的发生既有它的偶然性，也有必然性。即如果潜在的事故发生条件(一般称之为事故隐患)存在，什么时候发生事故是偶然的，但发生事故是必然的。因而，只有通过事故调查的方法，才能发现事故发生的潜在条件，包括事故的直接原因和间接原因，找出其发生、发展的过程，防止类似事故的发生。例如，某建筑工地叉车司机午间休息时饮酒过量后，又进入工地现场，爬上叉车，使叉车前行一段后从车上摔下，造成重伤。如果按责任处理则非常简单，即该司机违章酒后驾车。但试问在其酒后进入工地驾车的过程中，为什么没有人制止或提醒他不要酒后驾车呢？如果在类似情况下有人制止，是否还会发生事故呢？答案是十分明确的。

2. 为制定安全措施提供依据

事故的发生是有因果性和规律性的，事故调查是找出这种因果关系和事故规律最有效的方法。只有掌握了这种因果关系和规律性，我们就能有针对性地制定出相应的安全措施，包括技术手段和管理手段，达到最佳的事故控制效果。

3. 揭示新的或未被人注意的危险

任何系统，特别是具有新设备、新工艺、新产品、新材料、新技术的系统，都在一定程度上存在着某些我们尚未了解、掌握的或被我们所忽视的潜在危险。事故的发生给了我们认识这类危险的机会，事故调查是我们抓住这一机会的最主要的途径。只有充分认识了这类危险，我们才有可能防止其产生事故。

4. 可以确认管理系统的缺陷

如前所述，事故是管理不佳的表现形式，而管理系统缺陷的存在也会直接影响企业的经济效益。事故的发生给了我们将坏事变成好事的机会。即通过事故调查发现管理系统存在的问题，加以改进后，就可以一举多得，既控制事故，又改进管理水平，提高企业经济效益。

5. 是高效的安全管理系统的重要组成部分

安全管理工作主要是事故预防、应急措施和保险补偿手段的有机结合，且事故预防和应急措施更为重要。既然事故调查的结果对于我们进行事故预防和应急计划的制订都有重要价值，那么我们的安全管理系统中当然要具备事故调查处理的职能并真正发挥其作用，否则安全管理工作的目的和对象就会在我们的头脑中变得模糊起来。

当然，事故调查不仅仅与企业安全生产有关。对于保险业来说，事故调查也有着特殊的意义。一方面，事故调查既可以确定事故真相，排除骗赔事件，减少经济损失；也可以确定事故经济损失，确定双方都能接受的合理的赔偿额；还可以根据事故的发生情况，进行保险费率的调整，同时提出合理的预防措施，协助被保险人减少事故，搞好防灾防损工作，减少事故率。另一方面，对于产品生产企业来说，对其产品使用、维修乃至报废过程中发生的事故的调查对于确定事故责任、发现产品缺陷、保护企业形象、搞好新一代产品开发都具有重要意义。

二、事故调查的目的

必须首先明确的是，无论什么样的事故，一个科学的事故调查过程主要目的是及时防止事故的再发生。也就是说，根据事故调查的结果，提出整改措施，控制事故或消除此类事故。前面提到的叉车司机酒后开车的案例充分说明，只有通过深入的调查分析，查出导致上述事件发生的深层次原因，特别是管理系统的缺陷，才有可能达到事故调查的首要目的——防止事故的再发生。

同时，对于重大特大事故，包括死亡事故甚至重伤事故，事故调查还是满足法律要求、提供违反有关安全法规的资料以及司法机关正确执法的主要手段。这里当然也包括确定事故的相关责任，但这与以确定事故责任为目的的事故责任调查过程存在本质上的区别。后者仅仅以确定责任为目的，不可能控制事故的再发生。如叉车司机的酒后驾驶，前者则要分析探讨深层次的原因，如管理系统的缺陷，为控制此类事故奠定良好的基础。

此外，通过事故调查还可以描述事故的发生过程，鉴别事故的直接原因与间接原因，从而积累事故资料，为事故的统计分析及类似系统、产品的设计与管理提供信息，为企业或政府有关部门安全工作的宏观决策提供依据。

三、事故调查的对象

从理论上讲，所有事故，包括无伤害事故和未遂事故都在调查范围之内。但由于各方面条件的限制，特别是经济条件的限制，要达到这一目标几乎是不可能的。因此，要进行事故调查并达到我们的最终目的，选择合适的事故调查对象也是相当重要的。

1. 重大事故

所有重大事故都应进行事故调查，这既是法律的要求，也是事故调查的主要目的所在。因为如果这类事故再发生，其损失及影响都是难以承受的。重大事故不仅包括损失大的、伤亡多的，也包括那些在社会上甚至国际上造成重大影响的事故。

2. 未遂事故或无伤害事故

有些未遂事故或无伤害事故虽未造成严重后果，甚至几乎没有经济损失，但如果其有可能造成严重后果，那么也是事故调查的主要对象。

3. 伤害轻微但发生频繁的事故

这类事故伤害虽不严重，但由于发生频繁，对劳动生产率会有较大影响，而且突然频繁发生事故，说明管理上或技术上有不正常的问题，如不及时采取措施，累积的事故损失也会较大。事故调查是解决这类问题的最好方法。

4. 可能因管理缺陷引发的事故

如前所述，管理系统缺陷的存在不仅会引发事故，而且也会影响工作效率，进而影响经济效益。因此，及时调查这类事故，不仅可以防止事故的再发生，也会提高经济效益，一举两得。

5. 高危险工作环境的事故

由于高危险环境中极易发生重大伤害事故，造成较大损失，因而在这类环境中发生的事故，即使后果很轻微，也值得深入调查。

6. 适当的抽样调查

除上述诸类事故外，还应通过适当抽样调查的方式选取调查对象，及时发现新的潜在危险，提高系统的总体安全性。这是因为有些事故虽然不完全具备上述五类事故的典型特征，但却有发生重大事故的可能性，适当的抽样调查会增加发现这类事故的可能性。

四、事故调查计划

俗话说“有备无患”，由于事故是小概率事件，所以在一般情况下，事故调查并不是一项日常性工作，但若不做好充分的准备，事故调查工作就不能取得良好的收效。对于突然发生的事故，如果在没有充分准备的条件下，极有可能发生取样不及时或不准确、调查者受到伤害、当事者或目击者受到他人影响等不良后果，而且这些后果又是无法弥补的。

事故调查准备工作包括调查计划、人员组成及培训和调查工具的准备等。

做好事故调查的准备工作，首要的一条就是要有一个详细、严谨、全面的计划，对由谁来进行调查、怎样进行调查做出详尽的安排。对于计划的内容，应视具体情况而定，可详可简，可多可少，切忌过于注重细节，过分庞大的计划会给执行者造成麻烦，反而影响了执行效果。但计划中至少应包括：① 及时报告有关部门；② 抢救人的生命；③ 保护人的生命和财产免遭进一步的损失；④ 保证调查工作的及时执行。

“及时报告有关部门”是当前很多调查计划中最易被忽略的内容。当事故发生后首先要做的事情不是手忙脚乱地赶赴现场，而是及时通知下列有关人员及部门：① 事故直接影响区域内工作的人员或其他人员；② 从事生命抢救、财产保护的人员；③ 上层管理部门的有关人员；④ 专业调查人员；⑤ 公共事务人员；⑥ 安全管理人员。

计划中应依重要度次序列出上述人员的地址及联系方式等，同时也应选择合适的通知方式，既要保证信息的准确交流，也要限制非有关人员受到不必要的影响。

五、事故调查人员

1. 调查人员素质及组成

事故调查是一项高度专业性的工作，只有那些具有多种品质且训练有素的人员，才能胜任这一工作。事故调查人员是事故调查的主体。不同的事故，调查人员的组成会有所不同。我国 1991 年 5 月 1 日开始实施的国务院令第 71 号《企业职工伤亡事故报告和处理规定》和 1989 年 3 月 29 日颁布实施的国务院令第 34 号《特别重大事故调查程序暂行规定》均明确指出：

① 轻伤、重伤事故。由企业负责人或其指定人员组织生产、技术、安全等有关人员以及工会成员参加的事故调组进行调查。

② 死亡事故。由企业主管部门会同企业所在地设区的市（或者相当于设区的市一级）劳动部门、公安部门、工会组成事故调查组进行调查。

③ 重大死亡事故。按照企业的隶属关系由省、自治区、直辖市企业主管部门或者国务院有关主管部门会同同级的劳动部门、公安部门、监察部门、工会组成事故调查组进行调查。

④ 特别重大事故。调查组的组成方式原则上与重大事故相同。但涉及军、民两个方面的特大事故，组织事故调查的单位应当邀请军队派人员参加事故的调查工作。而且当国务院认为应当由国务院调查的特大事故，应由国务院或者国务院授权的部门组织成立特大事

故调查组。

由于国家安全管理体制的调整，现已由应急管理部实施原劳动部有关安全监督方面的职能。

2. 参与重大或特大事故调查人员的要求

国家对参与重大或特大事故调查的成员也有基本要求：

① 具有事故调查所需要的某一方面的专长。

② 与所发生事故没有直接利害关系。

3. 不同调查人员的特点

对于各级事故，主持和参加调查的人员会有很大差异，不同的群体又有不同的特点：

① 企业基层管理人员。这类人员一般可直接进行小型事故的调查，或部分参与某些重大事故的调查过程，如提供相应资料等。

② 各职能部门人员（如人事、医疗、采购、后勤、工会等）。由于这类职能部门也是企业安全管理系统的一部分，因而这类职能部门有关人员参与事故调查对确定管理者的疏忽、失误或管理系统的缺陷尤为重要。

③ 安全专业人员。这类人员是事故调查的主角，他们一般均受过专门的事故调查的训练，有分析事故的能力和经验，而且能够较为公正地进行事故分析。

④ 职业事故调查人员。我国目前基本上尚无此类人员。部分欧美发达国家均有以某类专业事故调查为职业者，如小型飞机事故调查人员、汽车事故调查人员等。

4. 调查人员人数

根据事故严重程度及性质，我们可由上述有关人员组成不同级别的事故调查组进行调查工作。事故调查组的成员人数应视事故的严重程度和性质而定。

六、事故调查的物质准备

在事故调查准备工作中，除了事故调查计划及人员素质要求外，另一个主要的工作就是物质上的准备。“工欲善其事，必先利其器”，没有良好的装备和工具，事故调查人员素质再高，也是“巧妇难为无米之炊”。因而，一般情况下，有可能从事事故调查的人员，必须事先做好必要的物质准备。首先是身体上的准备。至于调查工具，则因被调查对象的性质而异。通常来讲，专业调查人员必备的调查工具如下：

① 相机：用于现场照相取证。

② 纸、笔、夹：用于记事、笔录等。

③ 有关规则、标准：作为参考资料。

④ 放大镜：用于样品鉴定。

⑤ 手套：用于收集样品。

⑥ 录音设备：用于与目击证人等交谈或记录调查过程。

⑦ 急救包：用于抢救人员或自救。

⑧ 绘图纸：用于绘制现场地形图等。

⑨ 标签：采样时用于标记采样地点及物品。

⑩ 样品容器：用于采集液体样品等。

⑪ 罗盘：用于确定方向。

课堂讨论

通过观察下列图片，分析每个调查准备阶段应进行的具体工作。

准备阶段 1：接报事故

准备阶段 2：赶赴现场

准备阶段 3：组建调查组

准备阶段 4：制订调查方案

准备阶段 5：调查组会议

实训任务

在这个唤醒健康的时代，户外运动已经融入我们的生活。这种回归大自然、远离城市喧嚣的生活方式是人们物质生活水平提高后不可阻挡的。在寻找快乐的同时征服自我，既能强身健体，又能识晓人情风俗，感受自然美景。然而，在户外运动蓬勃发展的同时，一起起触目惊心的生命惨剧也使其安全问题现实地呈现在公众面前。

2013 年 11 月 9 日 11 时许，一辆载有 7 名驴友的越野车在四川牛背山上坡时不幸出事，翻下 10 多米高的山坡，造成 3 死 4 伤。

当天16时许，45岁的上海驴友戴女士，与百余名驴友一起参加北京野长城徒步穿越活动，下山途中从山顶断崖意外坠落。

业内人士认为，欧美很多国家对自助探险旅游活动的参与者实施进入许可，并按照旅游地的风险等级来要求参与者的资质条件、设备配备条件等，同时将其与能否进行保险赔偿进行关联，从而约束旅游者的个人英雄主义行为。此外，还强调利月保险手段来进行风险管控，强调建立融合公共救援、公益救援和商业救援相结合的综合救援机制，提升旅游安全的救援能力。

户外运动是一门科学，安全是它的基本前提——不论是登山、探洞、徒步、露营，还是漂流、滑雪或者更多，需要经过有针对性的学习和训练，才能提高自己在户外项目上的能力。不断学习和具备各种风险应对及安全知识，才能登得更高、走得更远。

试从专业和法律角度提出，在处理户外运动意外事故前应该做哪些准备工作，并提出相应的预防与处理措施。

思考与练习题

1. 简述事故调查工作对于安全管理的重要性。
2. 事故调查的准备工作包括什么？
3. 不同的调查人员都有哪些特点？

任务二　事故调查的步骤

有了充分的准备，可以说是在事故调查工作中开了一个好头，为开始事故调查过程奠定了良好的基础。

事故调查的步骤

实施事故调查过程是事故调查工作的主要内容。一般的事故调查的基本步骤包括现场处理、现场勘查、物证收集、人证问询等主要工作。由于这些工作时效性极强，有些信息、证据是随时间的推移而逐步消亡的，有些信息则有着极大的不可重复性，因而对于事故调查人员来讲，实施调查过程的速度和准确性显得更为重要。只有把握住每一个调查环节的中心工作，才能使事故调查过程进展顺利。

一、事故现场处理

事故现场处理是事故调查的初期工作。对于事故调查人员来说，由于事故的性质不同及事故调查人员在事故调查中角色的差异，事故现场处理工作会有所不同，但通常现场处理应进行如下工作。

1. 安全抵达现场

无论准备如何充分，事故的发生对几乎任何人都是一个意外事件，因而要顺利地完成事故调查任务，首先要使自己能够在携带了必要调查工具及装备的情况下，安全地抵达事故现场。越是手忙脚乱，越容易出现意外。在抵达现场的同时，应保持与上级有关部门的联系，及时进行沟通。

2. 现场危险分析

这是现场处理工作的中心环节。只有做出准确的分析与判断,才能够防止进一步的伤害和破坏,同时做好现场保护工作。现场危险分析工作主要有观察现场全貌,分析是否会进一步产生危害的可能性及可能的控制措施,计划调查的实施过程,确定行动次序及考虑与有关人员的合作,控制围观者,指挥志愿者等。

3. 现场营救

最先赶到事故现场的人员的主要工作就是尽可能地营救幸存者和保护财产。作为一个事故调查人员,如果有关抢救人员,如医疗、消防等已经到位且人手并不紧张,则应及时记录事故遇难者尸体的状态和位置并用照相和绘草图的方式标明位置,同时告诫救护人员必须尽早记下他们最初看到的情况,包括幸存者的位置、移动过的物体的原位置等。如需要调查者本人也参加营救工作,也应尽可能地做好上述工作。

4. 防止进一步危害

在现场危险分析的基础上,应对现场可能产生的进一步的伤害和破坏采取及时的行动,使二次事故造成的损失尽可能小,这类工作包括防止有毒有害气体的生成或蔓延,防止有毒有害物质的生成或释放,防止易燃易爆物质或气体的生成与燃烧爆炸,防止由火灾引起的爆炸,等等。

许多事故现场都很容易发生火灾,故应严加防护,以保证所有在场人员的安全和保护现场免遭进一步的破坏。当存在严重的火灾危险时,应准备好随时可用的消防装置,并尽快转移易燃易爆物质,同时严格制止任何可能引起明火的行为。即使是使用抢救设备等,都应在确定绝对安全的情况下才可使用。

应尽快查明现场是否有危险品存在并采取相应措施。这类危险品包括放射性物质,爆炸物,腐蚀性液体、气体,液体或固体有毒物质,细菌培养物质等。

5. 保护现场

这是下一步物证收集与人证问询工作的基础。其主要目的就是使与事故有关的物体痕迹、状态尽可能不遭到破坏,人证得到保护。

完成了抢险、抢救任务,保护了生命和财产之后,现场处理的主要工作就转移到了现场保护方面。这时事故调查人员将成为主角,并应承担起主要的责任。

由于首先到达事故现场的有可能是企业职工、附近居民、抢救人员或警方人员,因此为保证调查组抵达现场之前不致因对现场进行不必要的干预而丢失重要的证据,争取企业职工特别是厂长等基层干部及当地警察或抢救人员的合作是非常重要的。调查人员应充分认识到,事故调查不仅需要进行技术调查,而且还需要服从某种司法程序。所以应通过合适的方式,使上述人员了解到,除必要的抢救等工作外,应使现场尽可能地原封不动。事故中遇难者的尸体及人体残留物应尽可能留在原处,私人的物品也应保持不动,因为这些东西的位置有助于辨别遇难者的身份。此外,应通过照相等手段记下像冰、烟灰之类短时间内会消失的迹象,记下所有现场目击者的姓名和地址,以便于调查者取得相应的证词。因此可以看出,对上述人员进行适当的保护现场的培训也是十分重要的。

在调查者抵达现场后,应建立一个中心,并以标志、通知等方式使有关人员知道该中心的设立及主要负责人员。通过该中心与新闻媒体及时沟通,保证现场各方面的信息交换及控制好现场保护工作。对目击者的保护还必须注意既要与他们保持联系或尽可能使他们滞留在现场,也要尽可能地避免目击者之间及与其他有关人员的沟通。这是因为对于任何一个人,事故的发生都是没有任何心理准备的意外事件,因而对其本人听到、看到、感觉到的东西大多数是模糊的、不确定的。一旦受到外人的干扰,大部分人都会自觉不自觉地改变原来的模糊印象而逐步“清晰”起来,而这种“清晰”是我们最不希望看到的。特别当一些别有用心的人采用暗示的手段后,我们通过人证对事故了解的难度就更大了。

有些物证如痕迹、液体和碎片等极容易消失,因而要事先计划好这类证据的收集,准备好样品袋、瓶、标签等,并及时收集保存。

因需要清理现场或移动现场物品时,应在移动或清理前对重要痕迹照相或画出草图,并测量各项有关数据。

需要指出的是,现场保护工作不是少数人就能完成的。事故调查人员应主动与在现场工作的其他人员沟通联系,多方合作,同时协调好保护现场与其他工作的矛盾,以合作的方式达到目的。

二、事故现场勘查

事故现场勘查是事故现场调查的中心环节。其主要目的是为查明当事各方在事故之前和事发之时的情节、过程以及造成的后果。通过对现场痕迹、物证的收集和检验分析,可以判明发生事故的主、客观原因,为正确处理事故提供客观依据。因而全面、细致地勘查现场是获取现场证据的关键。无论什么类型的事故现场,勘查人员都要力争把现场的一切痕迹、物证甚至微量物证收集、记录下来,对变动的现场更要认真细致地勘查。弄清痕迹形成的原因及与其他物证和痕迹的关系,去伪存真,确定现场的本来面目。

现场勘查的顺序和范围,应根据不同类型的事故现场来确定。勘查人员到达现场后,首先要向事故当事人和目击者了解事故发生的情况和现场是否有变动。如有变动,应先弄清变动的原因和过程,必要时可根据当事人和证人提供的事故发生时的情景恢复现场原状以利实地勘查。在勘查前,应巡视现场周围情况,对现场全貌有了概括的了解后,再确定现场勘查的范围和勘查的顺序。

事故现场勘查工作是一种信息处理技术。由于其主要关系四个方面的信息,即人(People)、部件(Part)、位置(Position)和文件(Paper),表述这四个方面的英文单词均以字母 P 开头,故人们也称之为“4P”技术。

1. 人

以事故的当事人和目击者为主,但也应考虑维修、医疗、基层管理、技术人员、朋友、亲属或任何能够为事故调查工作提供帮助的人员。

2. 部件

这是指失效的机器设备、通信系统、不适用的保障设备、燃料和润滑剂、现场各类碎片等。

3. 位置

这是指事故发生时的位置、天气、道路、操作位置、运行方向、残骸位置等。

4. 文件

这是指有关记录、公告、指令、磁带、图纸、计划、报告等。

三、证人的保护与问询

在事故调查中，证人的询问工作相当重要，大约 50%的事故信息是由证人提供的，而事故信息中大约有 50%能够起作用，另外 50%的事故信息效果则取决于调查者怎样评价分析和利用它们。

所谓证人，通常是指看到事故发生或事故发生后最快抵达事故现场且具有调查者所需信息的人。广义上则是指所有能为了解事故提供信息的人，甚至有些人不知事故发生却有有价值信息的人。证人信息收集的关键之处在于迅速果断，这样就会最大限度地保证信息的完整性。有些调查工作耗时费力、收效甚微，主要原因是没有做到这一点。

1. 证人保护与询问工作应注意的问题

在进行证人保护与问询工作中，应注意以下问题：

① 证人之间会强烈地互相影响。

② 证人会强烈地受到新闻媒介的影响。

③ 不了解他所看到的事，不能以自己的知识、想法去解释的证人，容易改变他们掌握的事实去附和别人。

④ 证人会因为记不住、不自信或自认为不重要等原因忘却某些信息。

⑤ 问询开始的时间越晚，细节会越少。

⑥ 问询开始的时间越晚，内容越可能改变。

⑦ 最好画出草图，结合草图讲解其所闻所见。

从上述问题可以看出，在证人保护工作中，应当避免其互相接触及其与外界的接触，并最好使其不离开现场，使问询工作能尽快开始，以期获得尽可能多的信息。

2. 证人的确定

证人的确定工作是证人保护与问询工作的第一步。因为几乎不存在没有证人的事故现场，因而事故调查人员应尽快赶到现场，为确定目击者创造良好的机遇。在收集证据时首先要收集证人的信息，如姓名、地址、电话号码等，以便与证人保持联系。

在一些特殊情况下，也可采用广告、电视、报纸等形式征集有关事故信息，获得证人的支持。

3. 证词的可信度

由于证人背景的差异及其在该事件中所处的地位，都可能产生证词可信度上的差异。不同可信度的证词其重要性是有很大差异的。例如，熟悉发生事故的系统或环境的人能提供更可信的信息，但也有可能把自己的经验与事实相混淆或加上了自己的主观臆断。而与肇事者或受害者有特殊关系的人，或与事故有某种特定关系的人，其证词的可信度与事故与其工作的关系、个人的卷入程度、与肇事者或受害者的关系等密切相关。可信度最高的证人是那些与事故发生没有关联，且可以根据其经验与水平做出准确判断者，一般称之为专家证人。我国各级政府聘请的安全专家组的专家们，实际上就属于这类人。他们的经验和判断对于事故结论的认定具有极其重要的意义。

4. 证人的问询

证人问询一般有审讯和问询两种方式。

① 审讯式。调查者与证人之间是一种类似于警察与疑犯之间的对手关系，问询过程高度严谨，逻辑性强，且刨根问底，不放过任何细节。问询者一般多于一人。这种问询方式效率较高，但有可能造成证人的反感，从而影响双方之间的交流。

② 问询式。采用这种方式首先认为证人在大多数情况下没有义务为你描述事故，作证主要依赖于自愿。因而应创造轻松的环境，感到你是需要他们帮助的朋友。这种方式花费时间较多，但可使证人更愿意讲话。问询中应鼓励其用自己的语言讲，尽量不打断其叙述过程，而是用点头、仔细聆听的方式，做记录或录音最好不引人注意。

无论采用何种方法，都应首先使证人了解问询的目的是了解事故真相，防止事故再发生。好的调查者，一般都采用两者结合、以后者为主的问询方式，并结合一些问询技巧进行工作。

5. 问询中应注意的问题

在问询中，我们应注意以下七个问题：

① 情绪激动的人容易产生事实的扭曲或夸大，特别在口头叙述时更是如此。

② 被调查者本人的信仰及先入为主的观点也会对其的叙述产生影响，比如反对酗酒者对酒精与肇事间的关系特别敏感。

③ 小孩子做证人则各有利弊。8～10 岁的孩子一般会毫不隐瞒，实事求是地讲述自己的所见所闻；再小一些的孩子就会加上自己的一些想象。

④ 证人的性别与证词的可信度没有关系，但智力型证人似乎可靠性比其他人稍高一些。

⑤ 如果有两个以上的证人，我们可采用列表的方式来进行证词一致性的比较与判断。

⑥ 在可能的情况下，应对事故发生时处于不同位置的人员进行调查，以获得不同的细节。

⑦ 当多人的证词显示出矛盾时，则应通过进一步的问询获得更详细的信息。

四、物证的收集与保护

物证的收集与保护是现场调查的另一项重要工作。保护现场工作的很主要的一个目的也是保护物证。几乎每个物证在加以分析后都能用以确定其与事故的关系。而在有些情况下，确认某物与事故无关也一样非常重要。

由于相当一部分物证存留时间比较短，有些甚至稍纵即逝，所以必须事先制订好计划。按次序有目标地选择那些应尽快收集的物证，并为收集这类物证做好物质上的准备。如液体会随时间而逐渐渗入地下，应用袋、瓶等取样装入；如已渗入地下，则应连土取样，以供分析。物体表面的漆皮也是很重要的物证，因其与其他物质相接触后一般会带走一些，有时肉眼看不见，但借助于专门的仪器即可发现。有关文件资料、各类票据、记录等也是一类很重要的物证，即使不在事故现场，也应注意及时封存。

数据记录装置是另一类物证。它是为满足事故调查的需要而事先设置的记录事故前后有关数据的仪器装置。其主要目的是在缺乏目击者和可调查的硬件（如已损坏）的条件下，保证调查者能准确地找出事故的原因。设备上的运行记录仪,公交道口、公共设施、金融机构的摄像装置,是较为简单的数据记录装置;而飞机上的“黑匣子”,是较为复杂的数据记录装置。前者不断录制最后某段时间的情景,提供有关信息;后者则是由于空难事故中大部分物证破坏极为严重而成为空难事故调查的最主要的物证。

五、事故现场照相

现场照相是收集物证的重要手段之一。其主要目的是通过拍照的手段提供现场的画面,包括部件、环境及能帮助发现事故原因的物证等,证实和记录人员伤害和财产破坏的情况。特别是对于那些肉眼看不到的物证、当进行现场调查时很难注意到的细节或证据、那些容易随时间逝去的证据及现场工作中需移动位置的物证,现场照相的手段更为重要。

如果调查者未能及时赶到现场,则应与新闻媒体等有关方面及时沟通联系,以求获得相关信息。

事故现场照相的主要目的是获取和固定证据,为事故分析和处理提供可视性证据。其原理与刑事现场的照相完全相同,只是工作对象不同。二者都要求及时、完整与客观。事故现场照相是现场勘查的重要组成部分。它是使用照相、摄像器材,按照现场勘查的规定及调查和审理工作的要求,拍摄发生事故的现场与事故有关的人与物、遗留的痕迹、物证以及其他一些现象,真实准确、客观实际、完整全面、鲜明突出、系统连贯地表达现场的全部状况。

一个事故,在其发生过程中总要触及某些物品、侵害某些客体,并在绝大多数发生事故的现场遗留下某些痕迹和物证。在一些事故现场中,当事人为逃避责任,会千方百计地破坏和伪造现场。无论是伪造过的还是没有伪造过的,现场的一切现象都反映现场的实际。

通过这些现象能辨别事件的真伪。把它们准确地拍摄下来,使之成为一套完整现场记录的一部分,在审理和调查的过程中具有重要的作用。它为研究事故性质、分析事故进程、进行现场实验提供资料,为技术检验、鉴定提供条件,为审理提供证据,所以现场照相是现场勘查工作中的重要组成部分和不可缺少的技术手段。

1. 现场照相的内容和要求

现场照相应包括记录事故发生时间、空间及各自的特点,事故活动的现场客观情况以及造成事故事实的客观条和产生的结果,形成事故现场主体的各种迹象。

(1) 现场方位照相

拍照现场所处的位置及现场周围环境。凡是与事故有关的场所、景物都是拍照的范围,用以说明案件场所、环境特点、气氛、季节、气候、地点、方向、位置以及现场与周围环境的联系。

由于现场方位照相包括的范围大,所以拍照点应选在较高、较远而又能显示现场及其环境特点的位置,并把那些能显示现场位置的永久性标志如商场、车站、桥梁、街名、门牌、路标等拍摄在画面的明显位置上。

(2) 现场概貌照相

现场概貌照相,即拍照除了现场周围环境以外整个现场状况。它表达现场内部情景,即拍照事故现场内部的空间、地势、范围,事故全过程在现场上所触及的一切现象和物体。现场概貌照相反映事故现场内部各个物体之间的联系和特点,表明现场的全部状况和各个具体细节,说明现场的基本特征,使人们看了后能对现场的范围、整个状况、特点等有一个比较完整的概念。

在进行现场概貌照相时，对现场的范围、现场内的物品、痕迹物证以及遗留痕迹物证的位置等现场全部状况，要完整、系统、全面地反映出来，切忌杂乱无章地盲目乱拍。

实践证明，在现场概貌照相中如果有遗漏，特别是与事故活动有关的物品没有拍照下来，就难以说明问题，给事故调查带来许多困难，甚至造成无法弥补的损失。在许多事故现场，事故性质尚不明确时，切忌轻率地确定不拍哪些物品。因为现场有些物品，在勘查和拍照阶段认为与案件有关或者无关，而事后证明恰恰相反。可见，只有客观系统地全面拍照，才能避免遗漏或者搞错。

（3）现场重点部位照相

现场重点部位照相是指拍摄与事故有关的现场重要地段，对审理、证实事故情况有重要意义的现场物体的状况、特点、现场上遗留的与事故有关的物证的位置和物证与物证之间的特点等，以反映它们与现场以及现场上有关物体的关系。

由于不同性质的案件有不同的拍照重点，同类性质事故的拍照重点也不尽相同，所以拍照时，要根据事故的具体情况确定现场的拍照重点。

事故现场的重点部位都是现场勘查工作的主要目标。所以在拍照时不但要求质量高，而且数量也应比较多。一个现场，特别是复杂现场，有多处重点部位或重点物品，对它们都要一一拍照，而且在许多情况下还要采取不同角度拍照。现场重点部位拍照往往在整套现场照相中占有重要的位置和较多的数量。所以现场照相人员应当认真地拍好现场的每个重点部位或重点物品，使它能在审理中充分发挥应有的作用。

（4）现场细目照相

现场细目照相是拍摄在现场存在的具有检验鉴定价值和证据作用的各种痕迹、物证，以反映其形状、大小和特征。细目照相的内容很多，如尸体、活体上的痕迹，血迹的滴溅或喷溅方向，电事故的电击点，火灾事故的起火点，交通事故的接触点，工具的形状、号码、破损情况，撬压工具，脚印，文字，附着物，等等。现场细目照相所拍照的痕迹、物证，对揭露与证实事故真相具有重要的意义。

由于细目照片多用于技术检验、鉴定工作，所以必须按照技术检验和鉴定工作的要求进行拍照。其基本的原则如下：

① 要准确地反映留在现场的痕迹、物证的位置，证明痕迹、物证是在现场上遗留的，同时为研究痕迹、物证的形成条件提供依据。

② 必须保证所拍得的痕迹、物证影像不变形，即拍照时必须使被拍照的痕迹、物证与镜头、感光片二者平面保持平行。

③ 必须准确地体现被拍物体和痕迹的花纹大小、粗细、长短等特征。

④ 拍照现场的痕迹、物证时，配光方向及角度、影像的色调要和样本材料相一致，才能为检验提供有利条件。

⑤ 痕迹、物证的特征必须保证清晰逼真。

2. 现场照相的步骤

为避免拍照的盲目性，达到现场照相的预期目的，现场照相应按照次序有计划地一步步进行。

① 酝酿阶段。现场照相人员到达现场后，应先了解事故信息，对现场有个概括的了解，勾画出现场的轮廓。

② 主题的提炼阶段。即通过对现场的观察了解，确定表现现场的中心思想和本质特征。

③ 选择题材阶段。即根据事故发生过程、手段、方法以及重点部位和现场分布特点，确定拍照的范围和具体对象。

④ 现场照片布局结构的确定阶段。主要是依据现场具体对象的特点和现场照片布局结构的要求，采取相应的表达形式，从而确定构图形式和拍摄位置。

⑤ 在弄清上述情况的前提下，确定拍照现场的具体顺序和拍照方法。即制订出大体的拍照计划，使现场拍照有条不紊地进行。

为使现场不遭受人为的或者其他外界因素的影响和破坏，一般应是先拍原始的，后拍已移动的；先拍地面的，后拍高处的；先拍容易破坏的或容易消失的，后拍不容易破坏或消失的。

在多数情况下，首先拍摄整个原始现场的概貌。如果同时存在多处现场时，应先拍照中心现场，再分别拍照各个关联的现场，然后用一两个镜头把各个现场的位置反映出来。之后，应拍照比较明显的或已确定的现场重点部位、重点物品和遗留痕迹、物证的原始状况及其所在位置。对那些不明显的重点部位，要随着勘查工作的进展，及时发现、及时拍照。现场概况照相和现场重点部位照相完成之后，可拍照现场方位。最后根据现场勘查人员的要求，拍照在现场发现的痕迹、物证。

3. 现场照相的主要方法

（1）单向拍照法

照相机镜头从某一方向对着事故现场进行拍照，该方法只能表现现场的某一个侧面，多用于拍照范围不大、比较简单的现场。

（2）相向拍照法

相向拍照是照相机从相对的两个方向对现场中心部分进行拍照。这也是在现场照相中应用比较广泛而且比较方便的一个方法，可用于进行现场方位、概貌、重点部位照相等。但应指出，相对的两个拍照点和被拍物体的中心不一定在一条直线上，而应根据不同的现场情况，以能够表现出背景和中心物体附近的有关痕迹、物证为原则，灵活运用。

（3）多向拍照法

多向拍照是以现场拍照主要对象为目标，从几个不同的方向对主要对象拍照。反映被拍照的主要对象及其前景、后景和背景，表现它们的状况、位置及其相互之间的关系。这种方法通常是从四个方向对主要对象进行拍照，类似两组相向拍照法。

多向拍照法可以更好地把现场方位、环境、状况和重点部位等反映出来。但应注意如下几点：一是要选择好拍摄张数及每张照片的拍照方位和距离；二是照相用光、拍照方法、冲洗工艺、照片色调、尺寸大小要尽可能一致；三是张贴照片时要注意其前后、左右的位置，使之构成一个互相补充、相辅相成的整体。

（4）回转分段连续拍照法

回转分段连续拍照是将照相机固定在某一点上，只转动镜头改变角度，不改变相机的位置，将现场分段连续进行拍照。这种拍照方法适用于现场范围较大，没有或者不宜采用广角镜头，拍照点没有后退余地，在一张照片上很难把现场全部反映出来的情况。这种方法通常用于现状方位和现场概貌照相，现场重点部位照相则很少采用。

(5) 直线分段连续拍照法

直线分段连续拍照是将照相机沿着被拍物体的平面开始移动分段拍照，然后把分段拍得的照片拼成一张完整的现场照片。

这种拍照方法主要用于被拍对象在同一平面，如狭长地带、成趟足迹、长条车轮痕迹、房屋正面、道路、墙壁、篱笆等对象。

(6) 测量拍照法

这种方法是在被拍现场和物体的适当位置或痕迹的同一平面放上测量尺进行拍照。在现场照相中最常用的是厘米比例尺拍照法，这种照相方法常常用于固定现场上所发现的痕迹、物证、碎片以及伤痕等情况。

此外，还有除去阴影的脱影照相法，利用物面和痕迹对光反射能力的差异来显示痕迹的反射拍照法，利用光的透过特性、物体本身的透光程度、在实物面存在痕迹的阻光程度来显示痕迹的透射拍照法及空中拍照法等方法。

六、事故现场图与表格

现场绘图也是一种记录现场的重要手段。现场绘图与现场笔录、现场照相均有各自特点，相辅相成。现场绘图是运用制图学的原理和方法，通过几何图形来表示现场活动的空间形态，是记录事故现场的重要形式，能比较精确地反映现场上主要物品的位置和比例关系。

1. 现场绘图的作用

现场绘图的作用概括起来有以下三点：

① 用简明的线条、图形，把人无法直接看到或无法一次看到的整体情况、位置、周围环境、内部结构状态清楚地反映出来。

② 把与事故有关的物证、痕迹的位置、形状、大小及其相互关系形象地反映出来。

③ 对现场上必须专门固定反映的情况，如有关物证、痕迹等的地面与空间位置，事故前后现场的状态，事故中人流、物流的运动轨迹等，可通过各种现场图显示出来。

2. 事故现场图的种类

事故现场图的种类有以下四种：

① 现场位置图：是反映现场在周围环境中位置的。对测量难度大的，可利用现有的厂区图、地形图等现成图纸绘制。

② 现场全貌图：是反映事故现场全面情况的示意图。绘制时应以事故原点为中心，将现场与事故有关人员的活动轨迹、各种物体运动轨迹、痕迹及相互间的联系反映清楚。

③ 现场中心图：是专门反映现场某个重要部分的图形。绘制时以某一重要客体或某个地段为中心，把有关的物体痕迹反映清楚。

④ 专项图：也称专业图，是把与事故有关的工艺流程、电气、动力、管网、设备、设施的安装结构等用图形显示出来。

以上四种现场图可根据不同的需要，采用比例图、示意图、平面图、立体图、投影图的绘制方式来表现，也可根据需要绘制出分析图、结构图以及地貌图等。

七、典型事故的现场勘查

1. 火灾事故现场勘查

(1) 火灾事故现场的特点

各类火灾事故由于发生的原因、地点、范围不同,各有其不同的特点。

① 现场上可以见到烟雾或烟熏痕迹及气味,可以为判断燃烧物质的种类提供依据。

② 现场上可以见到物质燃烧的火焰或燃烧痕迹,可以为判断起火时间、可燃物质的种类和确定起火点提供依据。

③ 现场有起火点,可以为查明起火原因、确定火灾事故性质提供依据。

④ 绝大多数火灾现场为变动现场,火灾发生后人们所采取的扑救活动,必定会使原来的燃烧痕迹损坏或变动,给现场勘查带来困难。

(2) 火灾事故现场勘查步骤和重点

① 环境勘查,确定起火地周围环境。在现场周围对火场巡视和视察,以便对整个现场获得一个总体印象,并确定周围环境与火灾事故的可能联系。

② 初步勘查,确定起火部位。在不触动现场物体、不改变物体原始状态的情况下,判断火势蔓延的路线和过程,大体确定起火部位和下一步勘查的重点。

③ 详细勘查,确定起火点。在不破坏初步勘查所发现的痕迹、物证的原则下,对其逐一翻动勘查。根据主要情况,仔细研究每一种现象和各个痕迹形成的原因,进一步确定最初起火点和推断起火原因。

④ 专项勘查,确定起火原因。对火灾现场找到的发火物、发热体及可以供给火源能量的物体或物质而进行专门检查。根据它们的性能、用途、使用有效状态、变化特征、有无故障,分析造成火灾的原因。

2. 机动车辆事故现场勘查

机动车辆事故现场是指发生事故的车辆、伤亡人员及同事故有关的遗留物、痕迹所在的路段和地点。

机动车辆事故的最显著的特点就是现场能见到明显的痕迹、物证,如刹车痕迹、碰撞痕迹、遗落的物质(如灯罩、玻璃、碎片、油漆片等)。

3. 爆炸事故现场勘查

常见的爆炸事故包括炸药爆炸、可燃气体爆炸、压力容器爆炸、粉尘爆炸四种类型。

(1) 爆炸事故现场的特点

① 现场的建筑物、构筑物等有时会全部或部分坍塌、破坏甚至燃烧。

② 爆炸时产生的高温、高压或由于煤气、火炉、电器、电线等损坏,造成现场起火。

③ 勘查人员进入现场有一定的危险性。

④ 发生爆炸后,由于现场抢救等原因,很少存在原始现场,大都属于变动现场。

⑤ 痕迹、器具等物证因爆炸而抛离中心现场,取证较为困难。

(2) 爆炸事故现场勘查的重点

针对炸药爆炸事故,重点为:

① 判明爆炸性质,判明属于气体爆炸还是炸药爆炸。

② 炸点的勘查,炸点即爆炸原点,对其的勘查包括炸点的炸坑形状大小,坑口直径、深度及炸点底的物质类型、炸坑的气味、烟痕等。

③ 爆炸残留物的勘查,这是分析炸药种类和引爆装置的重要依据。

④ 抛出物的勘查,主要指因爆炸而抛射出炸点的物质、炸点周围的物质及炸药的包装物、捆绑物等。

针对非炸药化学爆炸事故，重点为：

① 找出起爆能源，可结合细致勘查和现场实验两种手段进行。

② 找出可爆物来源，对气体要找出泄漏点，对粉尘要勘查粉尘存在的可能性及爆炸的条件。

4. 电伤亡事故现场勘查

(1) 触电伤亡事故的类型

触电伤亡事故主要有以下五种类型：

① 直接触电。

② 接触电压和跨步电压触电。

③ 感应电压触电。

④ 剩余电荷触电。

⑤ 静电危害。

(2) 触电事故勘查的基本步骤

① 检查事故现场的保护动作指示情况，如各级断电保护动作指示以及各种开关的整定电流、时限、保险熔丝等，判断事故是否因短路引起保护装置动作失灵造成。

② 检查事故设备的损坏部位和损坏程度，初步找到漏电部位。

③ 查问当时及历史资料，如天气、温度、运行电流、电压、周波及其他有关记录。

④ 现场测试。根据不同的触电事故方式应采用不同的现场测试项目，如测量两相触电事故，应分别测量两相对地电压及相间电压等。

⑤ 现场痕迹的提取。应认真查找所有可能存在的痕迹、物证，包括绝缘物被损漏电痕迹，触电点处痕迹，电气设备、导线受外力作用的分离痕迹，老化痕迹，击穿痕迹，人为痕迹等。

⑥ 通过上述调查、测试，进行相关的研究分析，逐项排除疑点，最后找出事故的原因。

5. 矿山事故现场勘查

(1) 矿山事故的特点

① 空间狭小，设备多杂，井下生产和安全的管理难度较大。

② 工作面逐步变动，生产条件也会发生变化，给安全生产造成威胁。

③ 作业环境差，包括有毒有害气体，矿尘和噪声，井下漏水、积水、淋水等。

④ 易燃、易爆、有害气体多，如甲烷、氢气、一氧化碳、硫化氢等气体和煤尘、硫化矿尘等。

⑤ 采掘中原岩内的应力平衡受破坏，可能导致冒顶、片帮、底鼓、支架变形甚至大面积塌落、地表移动以及煤与瓦斯喷出等一系列事故。

(2) 瓦斯燃烧与爆炸事故现场勘查的重点

为查清事故的直接原因，要查清下面三个重点问题：

① 查明瓦斯积聚的原因，包括瓦斯浓度、瓦斯来源、瓦斯来源分析等。

② 防止瓦斯引燃措施的情况调查，包括人为火源的引入，机械、电器打火，爆破系统可能出现的问题，静电放电可能性的勘查，机械摩擦火花和发热可能性的勘查等。

③ 防止一氧化碳中毒事故、再爆炸事故、透水、冒顶等二次事故的发生，保证人身安全。

(3) 顶板事故现场勘查重点

① 事故发生前的预兆检查中应注意了解事故前在场人员是否发现险情，发现后是否采

取了措施，顶板检查主要了解事故前在场人员是否采用木楔法、标记法、听音判断法、使用顶板报警器等方法进行顶板检查，从而看出事故发生前是否有严格的检查制度和具体措施。

② 支护问题的勘查，主要有支护设计问题，包括开采方法不当，特殊支护措施不当，紧度、强度不同等方面；支护质量问题，主要考虑支护方法造成的支护质量不合格和空顶问题两个方面；支护材质问题，主要指材质损坏、支栏过期等因素。

(4) 矿山透水事故现场勘查重点

① 查明突水的地点、性质，推断突出水量，了解静止水位。

② 了解发生事故前矿区、矿井的水文地质情况有无勘探清楚，查明生产作业中接近采空区、充水断层、含水层等地带是否违章、盲目施工。

③ 现场水泵房仓容积或水泵设计排水能力有无问题。

④ 是否执行现场防透水安全措施，有无安全设备。

⑤ 在出现透水征兆后是否有强令下井作业行为。

6. 建筑物倒塌事故现场勘查

建筑物倒塌是建筑工程质量事故中的常见事故。尽管倒塌事故的表现形式多种多样，但是归纳起来只有整体倒塌与局部倒塌两种。

任何倒塌事故都是由于结构丧失承载能力所致。倒塌事故分为五种类型。

① 砖柱倒塌事故。其倒塌原因有断面过小、高度过大、H 值计算错误或超载、组砖方法错误和施工马虎等。

② 砖墙倒塌事故。其倒塌原因与砖柱倒塌大致相同，只是通常失稳倒塌较多一些。

③ 楼板塌落事故。其倒塌原因有钢筋数量少或板厚不够、混凝土标号不足、预应力损失、上面增放过重的材料或构件等。

④ 阳台和雨篷倒塌事故。其倒塌原因有荷载漏算或配筋不足造成强度不足；受力钢筋放反；施工时不注意，使主筋向下位移，从而丧失或降低承载能力；顶部的阳台或雨篷因施工中过早拆模，或所设计的抗倾安全度不合规范要求等。

⑤ 模板倒塌事故。其倒塌原因有使用的支柱非计算确定，间距布置不合理，或使用直径过小的杆件，造成模板下部的横梁或立住强度不够；立柱间的斜拉杆不足或不设支撑体系，没有形成牢固的空间接体造成失稳等。

现场勘查中，应重点勘验建筑物的支撑、地基、荷载量、施工方法等情况，要进行拍照和详细地测量，并认真做好记录。

7. 中毒事故现场勘查

中毒事故是指人类生活、生产工作环境里的含毒物质失控而造成人员伤亡的事件。

(1) 中毒事故的类型

根据毒物的来源及中毒环境可划分为四种中毒类型：

① 生态-环境型。由于人类将大量有害物质排入环境，破坏了生态平衡，导致一定范围内中毒事故的发生。

② 食品型。由于有毒食品进入市场，使食用人群发生中毒。食品中可能存在并随之进入人体的有毒物质包括动植物食品中的天然毒素、食品添加剂、农用化学品、工业“三废”污染物、微生物及霉菌素或其代谢产物及其他有害化合物等。

③ 工业生产型。工业生产尤其是化工工业生产中，有毒的化学物原料、中间体、成品、

助剂、杂质和废弃物等与可能接触毒物者的皮肤接触，或有毒物以气体、蒸汽、粉尘、烟、雾等形态溢散到空气中，经呼吸道吸入人体。

④ 使用型。在工业、农业、科研、医疗、生活中使用有毒物质不当，如包装不合格、使用管理制度不健全、缺少毒物安全使用知识、误用等原因造成中毒事故。

（2）中毒事故现场勘查

① 外围勘查，确定勘查范围。从事故的发生过程及可疑毒物，以及当时的气温、湿度、风向等情况，初步判断毒物的扩散程度及范围，确定勘验范围及重点。

② 现场毒物探测。在外围勘查后进行，以初步判明空气中毒物浓度，由此保证勘查人员的安全。

③ 初步勘查，推测毒物源。其目的是熟悉现场概貌，初步判明毒物源、毒物的扩散方向，初步估计出现场因急救等引起的现场破坏情况，设计出详细的勘查方案。

④ 详细勘查，确定毒物源，推断中毒事故的原因。主要工作包括对现场进行完整的记录；发现、提取现场与中毒事故发生有关的痕迹、物证；确定毒物源及毒物扩散路线和程度；查明毒物溢漏的原因；判断毒物对人员损害的经过，进而推断出中毒事故的原因。

8. 高空坠落事故现场勘查

高空坠落大多发生于生产作业当中，尤其是建筑业比例相对较高。

（1）高空坠落事故的种类

高空坠落事故大体可划分为六种类型：

① 洞口（如预留洞口、通道口、楼梯口、电梯井口、阳台口）坠落。

② 施工脚手架坠落。

③ 悬空高处作业坠落。

④ 屋面质量问题和超负荷坠落。

⑤ 拆除工程中发生坠落。

⑥ 登高过程中的坠落。

高空坠落的主要原因包括管理缺陷、行为失误、安全设施不完善、各种作业环境影响等。

（2）高空坠落事故的特点

高空坠落多发生在生产作业当中，一般都会有目击。坠落地点明确，经常散落死伤者的血迹、鞋子、安全帽、工具等物品。

（3）高空坠落事故现场勘查重点

高空坠落事故的现场勘查一般采取由下向上的顺序进行。首先应对现场地面上的痕迹、物证进行勘查，重点记录血迹的面积、穿戴物品和使用工具散落的范围、距嫌疑建筑物的水平距离和地面上承载客体的受损情况。

由坠落终止点向上观察，对怀疑为坠落运动轨迹经过的所有部位进行勘验（包括安全网、护栏、脚手架、升降机架等），并逐层详细记录上面的擦痕、血迹和损坏的情况，最终确定坠落的起点。

对坠落起点处的擦痕进行测量和拍照固定，并与坠落人身上及衣物的有关痕迹进行对比检验，确定坠落的方式。同时对坠落起点附近和上方进行详细勘查，以确定附近有无可造成触电的设备和上方有无重物坠落打击的可能。最后综合法医对尸体的解剖检验结果，确定坠落者致死的原因，进而确定事故的性质，查清其真相。

课堂讨论

通过观察下列图片，分析每个事故调查阶段应进行的具体工作。

调查阶段 1：现场勘察（1）

调查阶段 1：现场勘察（2）

调查阶段 1：现场勘察（3）

调查阶段 1：现场勘察（4）

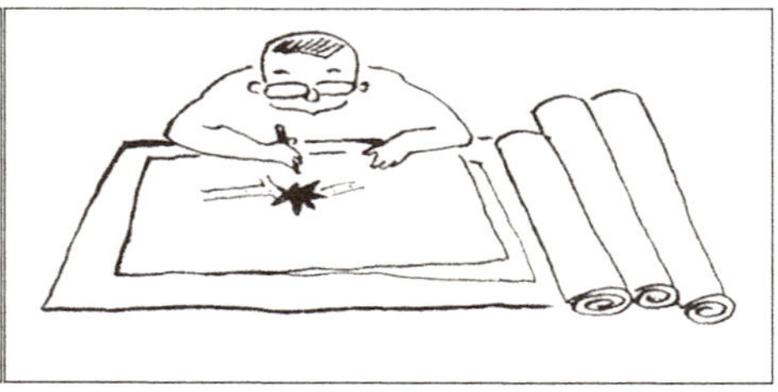

调查阶段 1：现场勘察（5）

调查阶段 2：收集资料

调查阶段 3：提取物证

调查阶段 4：证人证言

调查阶段 5：计算直接损失

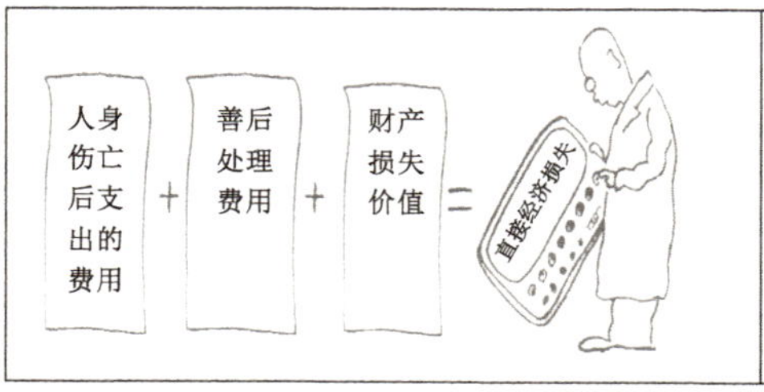

调查阶段 6：技术鉴定

实训任务

观察下图，请回答如下问题：

1. 简述事故调查的步骤。
2. 事故现场处理应进行哪些工作？
3. 事故现场勘查工作采用的“4P”技术具体指的是什么？
4. 在进行证人保护和问询工作中，应注意哪些问题？

任务三 事故分析与处理

事故分析是根据事故调查所取得的证据，进行事故的原因分析和责任分析。事故的原因分析包括事故的直接原因和间接原因；事故责任分析包括事故的直接责任者、领导责任者和主要责任者。

事故分析与处理

事故分析包括现场分析和事后深入分析两部分。现场分析又称为临场分析或现场讨论，是在现场实地勘验和现场访问结束后，由所有参加现场勘查人员全面汇总现场实地勘查和现场访问所得的材料，并在此基础上对事故有关情况进行分析研究和确定对现场的处置的一项活动。事后深入分析是在充分掌握资料和现场分析的基础上，进行全面深入细致的分析，其目的不仅在于找出事故的责任者并做出处理，更在于发现事故的根本原因并找出预防和控制的方法和手段，实现事故调查的最终目的。

一、现场分析

1. 现场分析的意义

① 现场分析是对全部勘查材料的汇总和对勘查工作的检查。

② 现场分析是对已收集材料从现象上升到本质的认识过程。

③ 现场分析能够充分发挥所有现场勘查人员的智慧,调动他们的工作积极性,有利于正确认识现场,全面查清事故发生的原因,保证事故处理工作的进一步开展。

2. 现场分析的任务

① 分析事故性质:决定如何开展下一步工作。

② 分析事故原因:包括确定事故的直接原因和间接原因。

③ 分析与事故发生有关的其他情况:包括分析事故发生的时间、分析事故发生的过程、分析事故发生造成的后果等。

3. 现场分析的原则和要求

① 必须把现场勘查中收集的材料作为分析的基础。

② 分析前应对已收集材料甄别真伪,既要以同类现场的一般规律做指导,又要从个别案件实际出发。

③ 充分发扬民主,综合各方面的意见得出科学的结论。

4. 现场分析的步骤

① 汇集材料:汇集材料一般采用分门别类的方法进行。

② 个别分析:对全部材料逐一分析、单独考虑,从而查明事故发生的全部情况,包括对各访问材料的分析和对痕迹、物证的分析等。

③ 综合分析:在对各方面情况已有了初步了解的基础上,将所有材料集中起来,找出能共同证明某一问题的材料,从而判断事故的直接原因。

5. 现场分析的方法

① 比较:即将分别收集的两个以上的现场勘查材料加以对比,以确定其真实性和相互补充、印证的一种方法。

② 综合:即将现场勘查材料汇集起来,然后就事故事实的各个方面加以分析,由局部到整体、由个别到全面的认识过程。

③ 假设:即根据现场有关情况推测某一事实的存在,然后用汇总的现场材料和有关科学知识加以证实或否定。

④ 推理:即从已知的现场材料推断未知的事故发生的有关情况的思维活动。

二、事后深入分析

对于较为严重或复杂的事故,特别是重特大伤亡或损失事故,仅仅依赖于现场分析是远远不够的,还应该进行事后深入分析。这类事故分析方法可分为综合分析法、个别案例技术分析法和系统分析方法三大类。

① 综合分析法。这是针对大量事故案例进行事故分析的一种方法。

② 个别案例技术分析法。这是针对某个事故案例,特别是重大事故,从技术方面进行的事故分析方法。

③ 系统安全分析方法。系统安全分析是运用逻辑学和数学方法、结合自然科学和社会科学的有关理论,分析系统的安全性能。

三、事故原因分析

1. 事故原因分析内容

对一起事故的原因分析,通常有两个层次,即直接原因和间接原因。直接原因通常是一种或多种不安全行为、不安全状态或两者共同作用的结果。间接原因可追踪于管理措施及决策的缺陷，或者环境的因素。分析事故时，应从直接原因入手，逐步深入间接原因，从而掌握事故的全部原因。在事故原因分析时通常要明确以下内容：

① 在事故发生之前存在什么样的征兆。

② 不正常的状态是在哪儿发生的。

③ 在什么时候首先注意到不正常的状态。

④ 不正常状态是如何发生的。

⑤ 事故为什么会发生。

⑥ 事件发生的可能顺序以及可能的原因(直接原因、间接原因)。

⑦ 分析可选择的事件发生顺序。

2. 事故原因分析的基本步骤

《企业职工伤亡事故调查分析规则》中给出了分析事故原因的步骤，具体如下：

① 整理和阅读调查材料。

② 按以下七项内容进行分析，分别是受伤部位、受伤性质、起因物、致害物、伤害方式、不安全状态、不安全行为。

③ 确定事故的直接原因。

④ 确定事故的间接原因。

⑤ 确定事故责任者。

3. 直接原因分析

《企业职工伤亡事故调查分析规则》中规定，属于下列情况者为直接原因：

① 机械、物质或环境的不安全状态，见表 4-1。

表 4-1 《企业职工伤亡事故分类》附录 A 中 A.6 不安全状态

分类号	不安全状态	分类号	不安全状态
6.01	防护、保险、信号等装置缺乏或有缺陷	6.02.4	维修、调整不良
6.01.1	无防护	6.02.4.1	设备失修
6.01.1.01	无防护罩	6.02.4.2	地面不平
6.01.1.02	无安全保险装置	6.02.4.3	保养不当、设备失灵
6.01.1.03	无报警装置	6.02.4.4	其他
6.01.1.04	无安全标志	6.03	个人防护用品用具——防护服、手套、护目镜及面罩、呼吸器官护具、听力护具、安全带、安全帽、安全鞋等缺少或有缺陷
6.01.1.05	无护栏或护栏损坏	6.03.1	无个人防护用品、用具
6.01.1.06	(电气)未接地	6.03.2	所用防护用品、用具不符合安全要求
6.01.1.07	绝缘不良	6.04	生产(施工)场地环境不良
6.01.1.08	局部通风机无消音系统、噪声大	6.04.1	照明光线不良
6.01.1.09	危房内作业	6.04.1.1	照度不足
6.01.1.10	未安装防止"跑车"的挡车器或挡车栏	6.04.1.2	作业场地烟雾、尘土弥漫，视物不清

表 4-1(续)

分类号	不安全状态	分类号	不安全状态
6.01.1.11	其他	6.04.1.3	光线过强
6.01.2	防护不当	6.04.2	通风不良
6.01.2.1	防护罩未在适当位置	6.04.2.1	无通风
6.01.2.2	防护装置调整不当	6.04.2.2	通风系统效率低
6.01.2.3	坑道掘进,隧道开凿支撑不当	6.04.2.3	风流短路
6.01.2.4	防爆装置不当	6.04.2.4	停电停风时爆破作业
6.01.2.5	采伐、集材作业安全距离不够	6.04.2.5	瓦斯排放未达到安全浓度爆破作业
6.01.2.6	爆破作业隐蔽所有缺陷	6.04.2.6	瓦斯超限
6.01.2.7	电气装置带电部分裸露	6.04.2.7	其他
6.01.2.8	其他	6.04.3	作业场所狭窄
6.02	设备、设施、工具、附件有缺陷	6.04.4	作业场地杂乱
6.02.1	设计不当,结构不符合安全要求	6.04.4.1	工具、制品、材料堆放不安全
6.02.1.1	通道门遮挡视线	6.04.4.2	采伐时未开“安全道”
6.02.1.2	制动装置有缺陷	6.04.4.3	迎门树、坐殿树、搭挂树未做处理
6.02.1.3	安全间距不够	6.04.4.4	其他
6.02.1.4	拦车网有缺陷	6.04.5	交通线路的配置不安全
6.02.1.5	工件有锋利毛刺、毛边	6.04.6	操作工序设计或配置不安全
6.02.1.6	设施上有锋利倒棱	6.04.7	地面滑
6.02.1.7	其他	6.04.7.1	地面有油或其他液体
6.02.2	强度不够	6.04.7.2	冰雪覆盖
6.02.2.1	机械强度不够	6.04.7.3	地面有其他易滑物
6.02.2.2	绝缘强度不够	6.04.8	储存方法不安全
6.02.2.3	起吊重物的绳索不符合安全要求	6.04.9	环境温度、湿度不当
6.01.2.4	其他		
6.02.3	设备在非正常状态下运行		
6.02.3.1	设备带“病”运转		
6.02.3.2	超负荷运转		
6.02.3.3	其他		

② 人的不安全行为,见表 4-2。

表 4-2　《企业职工伤亡事故分类》附录中 A 中 A.7 不安全行为

分类号	不安全行为	分类号	不安全行为
7.01	操作错误、忽视安全、忽视警告	7.06	冒险进入危险场所
7.01.01	未经许可开动、关停、移动机器	7.06.01	冒险进入涵洞
7.01.02	开动、关停机器时未给信号	7.06.02	接近漏料处(无安全设施)
7.01.03	开关未锁紧,造成意外转动、通电或泄漏等	7.06.03	采伐、集材、运材、装车时,未离危险区
7.01.04	忘记关闭设备	7.06.04	未经安全监察人员允许进入油罐或井中
7.01.05	忽视警告标志、警告信号	7.06.05	未"敲帮问顶'开始作业
7.01.06	操作错误(指按钮、阀门、扳手、把柄等的操作)	7.06.06	冒进信号
7.01.07	奔跑作业	7.06.07	调车场超速上下车
7.01.08	供料或送料速度过快	7.06.08	易燃易爆场合明火
7.01.09	机器超速运转	7.06.09	私自搭乘矿车
7.01.10	违章驾驶机动车	7.06.10	在绞车道行走
7.01.11	酒后作业	7.06.11	未及时瞭望
7.01.12	客货混载	7.07	攀、坐不安全位置(如平台护栏、汽车挡板、吊车吊钩)
7.01.13	冲压机作业时,手伸进冲压模	7.08	在起吊物下作业、停留
7.01.14	工件紧固不牢	7.09	机器运转时加油、修理、检查、调整、焊接、清扫等工作
7.01.15	压缩空气吹铁屑	7.10	有分散注意力行为
7.01.16	其他	7.11	在必须使用个人防护用品用具的作业或场合中,忽视其使用
7.02	造成安全装置失效	7.11.1	未戴护目镜或面罩
7.02.1	拆除了安全装置	7.11.2	未戴防护手套
7.02.2	安全装置堵塞	7.11.3	未穿安全鞋
7.02.3	调整的错误造成安全装置失效	7.11.4	未戴安全帽
7.02.4	其他	7.11.5	未佩戴呼吸护具
7.03	使用不安全设备	7.11.6	未佩戴安全带
7.03.1	临时使用不牢固的设施	7.11.7	未戴工作帽
7.03.2	使用无安全装置的设备	7.11.8	其他
7.03.3	其他	7.12	不安全装束
7.04	用手代替工具操作	7.12.1	在有旋转零部件的设备旁作业时穿过肥大服装
7.04.1	用手代替手动工具	7.12.2	操纵带有旋转零部件的设备时戴手套
7.04.2	用手清除切屑	7.12.3	其他
7.04.3	不用夹具固定,用手拿工件进行机加工	7.13	对易燃、易爆等危险物品处理错误
7.05	物体(指成品、半成品、材料、工具、切屑和生产用品等)存放不当		

4. 间接原因分析

《企业职工伤亡事故调查分析规则》中规定，属下列情况者为间接原因：

① 技术和设计上有缺陷：工业构件、建筑物、机械设备、仪器仪表、工艺过程、操作方法、维修检验等的设计、施工和材料使用存在问题。

② 教育培训不够，未经培训，缺乏或不懂安全操作技术知识。

③ 劳动组织不合理。

④ 对现场工作缺乏检查或指导错误。

⑤ 没有安全操作规程或不健全。

⑥ 没有或不认真实施事故防范措施，对事故隐患整改不力。

⑦ 其他。

四、事故责任分析

事故责任分析是在事故原因分析的基础上进行的，进行责任分析的目的是使责任者吸取教训，改进工作。事故责任分为：

① 直接责任者：指其行为与事故的发生有直接关系的人员。

② 主要责任者：指对事故的发生起主要作用的人员。

下列情况负直接责任或主要责任：

a. 违章指挥或违章作业、冒险作业造成事故的。

b. 违反安全生产责任制和操作规程造成事故的。

c. 违反劳动纪律，擅自开动机械设备，擅自更改拆除、毁坏、挪用安全装置和设备造成事故的。

③ 领导责任者：指对事故的发生负有领导责任的人员。

下列情况负领导责任：

a. 由于安全生产责任制、安全生产规章和操作规程不健全造成事故的。

b. 未按规定对员工进行安全教育和技术培训，或未经考试合格上岗造成事故的。

c. 机械设备超过检修期或超负荷运行或设备有缺陷不采取措施造成事故的。

d. 作业环境不安全，未采取措施造成事故的。

e. 新建、改建、扩建工程项目的安全设施，未与主体工程同时设计、同时施工、同时投入生产和使用造成事故的。

安全生产责任追究是指因安全生产责任者未履行安全生产有关的法定责任，根据其行为的性质及后果的严重性，追究其行政、民事或刑事责任的一种制度。

(1) 行政责任

行政责任是指行为人因违反行政法或因行政法规定而应承担的法律责任。行政责任一般分为职务过错责任和行政过错责任。前者是指行政机关工作人员在执行公务中因滥用职权或违法失职行为而应承担的法律责任；后者是指行政管理相对人因违反行政管理法规而应承担的法律责任。

(2) 刑事责任

刑事责任是指行为人因犯罪行为而应承受的，由司法机关代表国家所确定的否定性法律后果，由于刑事违法的违法性质最为严重，故刑事责任也最为严厉。在我国，认定和追究刑事责任的主体只能是国家审判机关(即各级人民法院)，承担刑事责任的主体只能是刑事违法者本人。

(3) 民事责任

民事责任是指行为人违反民事法律、违约或者由于民法规定所应承担的一种法律责任。民事责任主要表现为财产责任，是一种救济责任，用于救济当事人的权利，赔偿或补偿当事人的损失，多数可通过当事人协商解决。民事责任大体可分为违约民事责任和侵权民事责任两大类。

五、事故调查处理目的

事故调查处理的目的不完全是处罚肇事单位，追究事故责任人的责任，处理事故当事人，其主要目的是通过对事故的调查，查清事故发生的经过，科学分析事故原因，找出发生事故的内外关系，总结事故发生的教训和规律，提出有针对性的措施，防止类似事故的再度发生，以警示后人，这是事故调查处理的真正目的，也是事故调查处理的重要意义所在。

六、事故调查处理原则

1. 实事求是、尊重科学的原则

对事故的调查处理不仅要揭示事故发生的内外原因，找出事故发生的机理，研究事故发生的规律，制定预防重复发生事故的措施，做出事故性质和事故责任的认定，依法依责对有关责任人进行处理，而且也是为政府加强安全生产、防范重特大事故、实施宏观调控政策和对策提供科学的依据。这一切都源于事故调查的结论。事故的结论正确与否，对后续工作的影响非常重大。因此，事故调查处理必须以事实为依据，以法律为准绳，严肃认真地对待，不得有丝毫的疏漏。

2. “四不放过”原则

事故原因没有查清楚不放过；事故责任者没有受到处理不放过；群众没有受到教育不放过；防范措施没有落实不放过。

3. 公正、公开的原则

公正，就是实事求是，以事实为依据，以法律为准绳，既不准包庇事故责任人，也不得借机对事故责任人打击报复，更不得冤枉无辜。公开，就是对事故调查处理的结果要在一定范围内公开。它的作用主要有三个：一是能引起全社会对安全生产工作的重视；二是能使较大范围的干部群众吸取事故的教训；三是能降低事故的影响。

4. 分级管辖原则

事故的调查处理是依照事故的严重级别来进行的。

七、事故调查与处理的关系

事故调查与事故处理，是两个相对独立而又密切联系的工作。事故调查的任务主要是查明事故发生的原因和性质，分清事故的责任，提出防范类似事故的措施；事故处理的任务主要是根据事故调查的结论，对照国家有关法律、法规，对事故责任人进行处理，落实防范重复事故发生的措施，贯彻“四不放过”的原则要求。事故调查是事故处理的前提和基础，事故处理是事故调查目的的实现和落实。事故调查处理，则是事故预防工作的延伸。安全生产事故是客观存在的，要搞清事故的真相，唯一的办法是客观、公正地调查。坚持重证据、重调查研究，没有调查就没有发言权。只有通过调查分析，在充分掌握事故发生和发展过程中大量事实依据的基础上，才能进行严密、科学的逻辑推理、鉴定和确认，正确认识并找出导致事故发生诸多因素的内在联系和因果关系，从而才能最终做出事故原因、性质和责任的正确结论。

课堂讨论

通过观察以下图片，分析每个事故调查阶段应进行的具体工作。

分析阶段1：直接原因（1）

分析阶段1：直接原因（2）

分析阶段1：间接原因（1）

分析阶段1：间接原因（2）

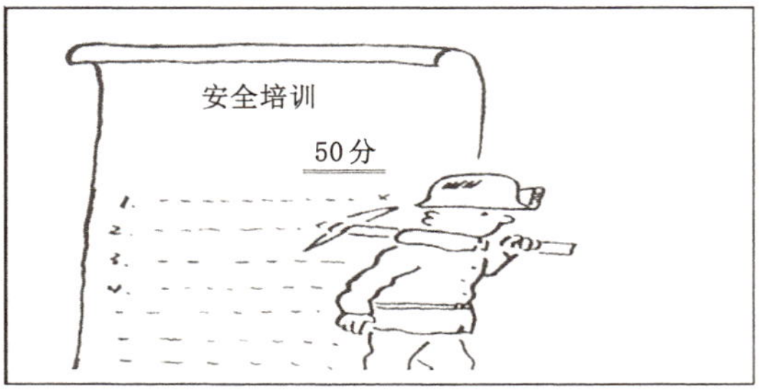

分析阶段1：间接原因（3）

分析阶段1：间接原因（4）

分析阶段2：事故定性（1）

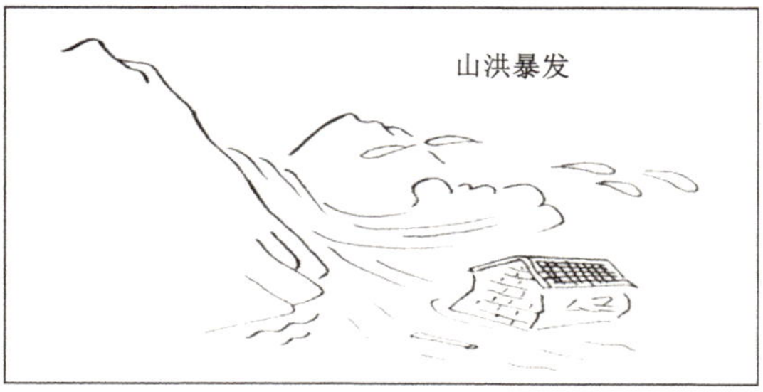

分析阶段1：事故定性（2）

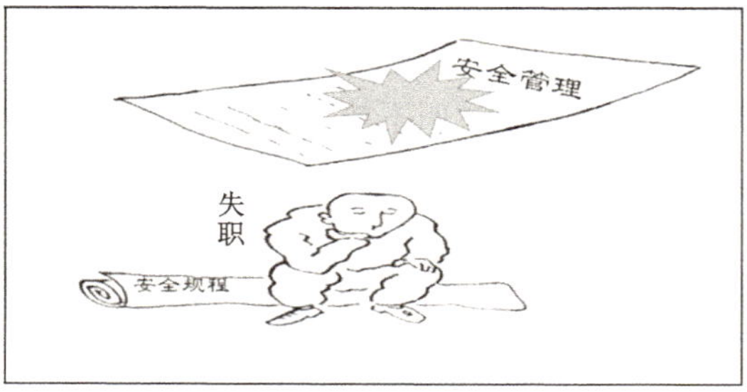

分析阶段 3：责任分析 (1)

分析阶段 3：责任分析 (2)

分析阶段 4：防范措施 (1)

分析阶段 4：防范措施 (2)

分析阶段 5：通报情况

审理阶段 3：讨论处理意见

审理阶段 2：形成调查报告

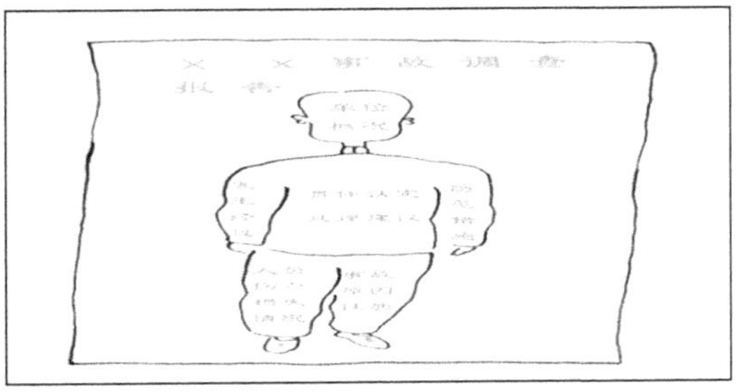

审理阶段 3：审查调查报告

审理阶段 4：资料归档

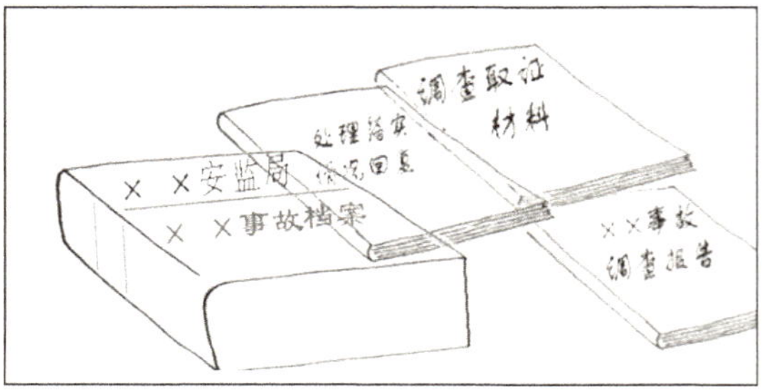

处理阶段 1：事故批复

处理阶段 2：落实批复意见

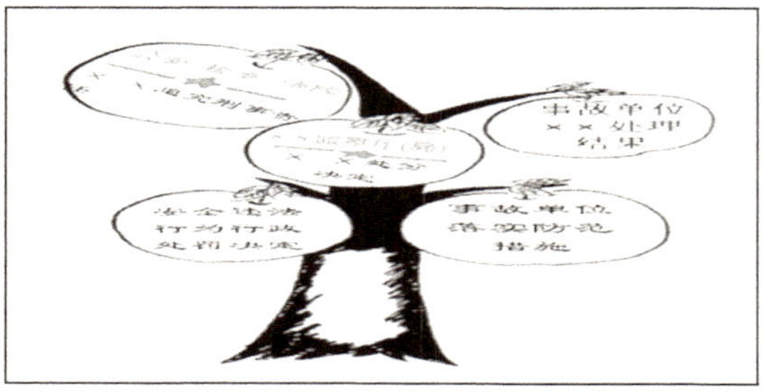

处理阶段 3：公布处理情况

处理阶段 4：监督检查

实训任务

自己挑选一个发生在自己身上或身边的事故案例，运用已学知识分析事故原因。

思考与练习题

1. 在进行事故现场分析时，可以采用哪几种方法？
2. 在事故调查处理时，应遵循哪些原则？
3. 事故的原因分析包括哪些？
4. 事故的责任分析包括哪些？
5. 事故调查与处理的关系是什么？

案例分析题

【案例 1】

某啤酒厂灌装车间，有传送带、洗瓶机、烘干机、灌瓶机、装箱机、封箱机等设备。2007 年 7 月 8 日，维修工甲对洗瓶机进行维修时，将洗瓶机长轴上的一颗内六角螺栓丢失，为了图省事，甲用 8 号铁丝插入孔中，缠绕固定。

7 月 22 日，新到岗的洗瓶机操作女工乙在没有接受岗前安全培训的情况下就开始操作。乙没有扣好工作服纽扣，致使工作服内的棉衣角翘出，被随长轴旋转的 8 号铁丝卷绕在长轴上，情急之下乙用双手推长轴，致使乙整个人都随着旋转的长轴而倒立。由于乙未按规定佩戴工作帽，所以倒立时头发自然下垂，被旋转的长轴紧紧缠绕，导致乙头部严重受伤而当场死亡。

针对上述事故案例，分析直接原因、间接原因。

【案例 2】

某花炮厂属私营企业，主要产品有鞭炮和烟花。某年 4 月，该厂修建用来搬运原料的卷扬机提升系统，10 月初建成投入并使用。卷扬机提升斜长约 60 m，垂直高度超过 30 m。上工区在半山腰，下工区在卸货停车场，操作平台设在上工区。该厂委托安全评价机构进行了安全评价，安全评价机构明确指出自制的卷扬机不能使用，如要使用必须经有关部门检验鉴定合格。当地公安部门在 11 月对该厂检查中，特别指出卷扬机不能用于运输药料，并提出书面整改意见。该厂法人代表 A 当场表示，不采用机械方式搬运黑火药，卷扬机只是用来搬运辅助材料，不运载带药原料和人，厂里也制定了制度并告知全厂职工，违者罚款。

A 还以书面形式向公安部门做出保证，不会用卷扬机来搬运黑火药和人。但事实上，自卷扬机 10 月初建成投入和使用以来，该厂曾多次利用卷扬机搬运过黑火药，A 对此视而不见。

次年 2 月 22 日，厂安全负责人 B 前往某市购买黑火药和烟花材料，当日在该市租用了 2 辆 5 t 解放牌货车。23 日上午，一辆车装载 4 t 黑火药和 1 t 高氯酸钾，另一辆货车装载约 7 t 的烟花材料。B 负责押运。车抵达厂后，根据副厂长 C 的指示，B 指挥司机将第一辆车先行开至卷扬机下工区，副厂长 C 指派三名工人去卸货，将车上的高氯酸钾和黑火药卸下装入卷扬机的吊篮提升到上工区。为加快搬运速度，C 又去找来几辆手推车来运送，当天值班管理人员 D 也分别指派 9 名工人到卷扬机上工区去搬运。未经专业培训的 D 操作卷扬机，2 名工人在旁负责卸货，其余 7 名工人用 2 辆手推车将货物搬运入库。卷扬机前两次提升上来的是高氯酸钾，在提升期间，卷扬机曾发生吊篮下滑的故障。第三次提升黑火药时，因提升过卷，钢丝绳突然崩断，吊篮坠落至下工区地面，发生爆炸事故，造成 8 人死亡、2 人重伤、20 人轻伤。

根据上述事故案例回答下列问题：

1. 请确定该事故的类型、性质、级别以及相应事故调查组的组成。
2. 请分析该事故的原因。
3. 指出本案例中人员失误的全部表现。
4. 请根据这起事故的特点，提出整改(防范)措施。

【案例 3】

2006 年 1 月 5 日，华东局 70858 钻井队在西北局塔河油田 TK666 井完钻后，将设备搬迁到 TP8 井，当天设备没有搬完，晚间留下 4 人在井场留守值班。当时塔河地区夜间气温低于－10 ℃，因发电机房搬走，夜间无法用电取暖，值班人员在值班房内将木柴放在火盆内烤火取暖，致使 4 人中毒昏迷，第二天工作人员发现后立即送医院抢救，其中 3 人经抢救无效死亡，1 人仍在治疗当中。

2011 年 2 月 16 日，在西北油田分公司塔河工区施工的江苏石油勘探局钻井处 70833 钻井队实施从 YQ5-4 井至 TH10233 井的搬迁作业。袁某（男，34 岁，泥浆工）和秦某某（男，28 岁，泥浆工）负责在 YQ5-4 井看守未搬完的设备，由于当天夜间最低气温－5.5 ℃，于是 2 人便在一垃圾桶内燃烧柴火、燃煤，并将其搬至材料房内进行取暖，造成 2 人不同程度一氧化碳中毒，秦某某抢救无效死亡，袁某经抢救治疗已痊愈。

根据上述两起事故案例回答下列问题：

1. 确定两起事故的事故类别。

2. 确定两起事故存在的不安全状态和不安全行为。

3. 从两次事故发生的时间、地点、背景及原因等方面进行分析，找出两者间相同或相似之处，并进行分析。同时，谈谈两起一氧化碳中毒事故给我们的启示。

任务四　能力实践——用因果图分析事故

一、因果图定义

用因果图分析事故

因果图分析是一种分析各类事故发生原因的有效方法。分析时一层一层地深挖事故原因，然后用间接的文字和线条箭头表示其因果关系，在图上呈现出各种原因的分支线条，犹如鱼刺，故因果图又叫鱼刺图。

二、因果图类型

因果图主要有三种类型：

① 整理问题型因果图：各要素与特性值间不存在原因关系，而是结构构成关系，对问题进行结构化整理。

② 原因型因果图：鱼头在右，特性值通常以“为什么……”来写。

③ 对策型因果图：鱼头在左，特性值通常以“如何提高/改善……”来写。

三、因果图分析步骤

① 由问题的负责人召集与问题有关的人员组成一个工作组，该组成员必须对问题有一定深度的了解。

② 问题的负责人将拟找出原因的问题写在黑板或白纸右边的一个三角形框内，并在其尾部引出一条水平直线，该线称为鱼脊。

③ 工作组成员在鱼脊上画出与鱼脊成 60°角的直线，并在其上标出引起问题的主要原因，这些成 60°角的直线称为大骨。

④ 对引起问题的原因进一步细化，画出中骨、小骨……尽可能列出所有原因。

⑤ 对因果图进行优化整理。

⑥ 根据因果图进行讨论。

完整的因果图如图 4-1 所示，由于因果图不以数值来表示，而是通过整理问题与其他的原因的层次来标明关系，因此能很好地描述定性问题。因果图的实施要求工作组负责人（即进行企业诊断的专家）有丰富的指导经验，整个过程负责人尽可能为工作组成员创造友好、平等、宽松的讨论环境，使每个成员的意见都能完全表达，同时保证因果图正确作出，即防止工作组成员将原因、现象、对策互相混淆，并保证因果图层次清晰。负责人不对问题发表任何看法，也不能对工作组成员进行任何诱导。

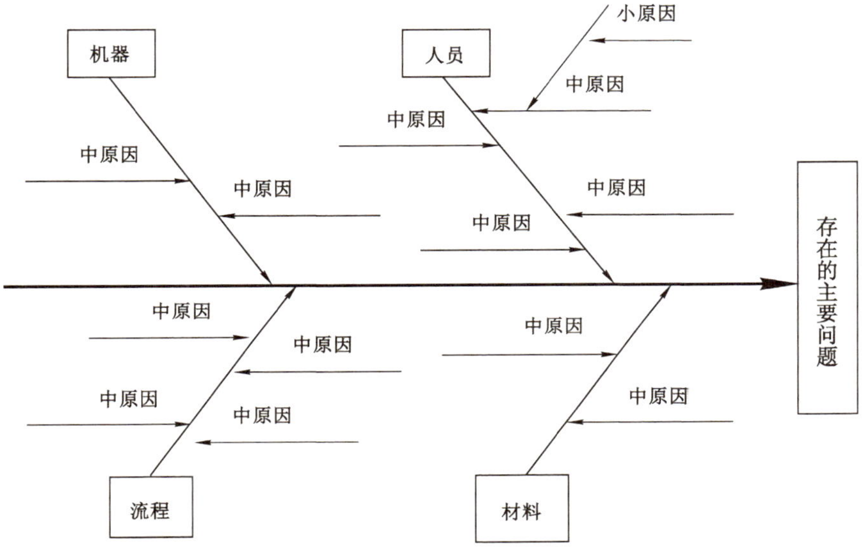

图 4-1 完整的因果图

分析要点：

a. 确定大要因（大骨）时，现场作业一般从人、机、料、法、环着手，管理类问题一般从人、事、时、地、物层别着手，应视具体情况决定。

b. 大要因必须用中性词描述（不说明好坏），中、小要因必须使用价值判断。

c. 头脑风暴时，应尽可能多而全地找出所有可能原因，而不仅限于自己能完全掌控或正在执行的内容。对人的原因，宜从行动而非思想态度面着手分析。

d. 如果某种原因可同时归属于两种或两种以上因素，请以关联性最强者为准，必要时考虑现时到现场看现物。通过相对条件的比较，找出相关性最强的要因归类。

e. 选取重要原因时，不要超过 7 项，且应标识在最末端原因。

四、因果图分析法应用实例

因果图分析法是咨询人员进行因果分析时经常采用的一种方法，其特点是简捷实用，比较直观，既可以用于预测事故，也可以用于分析事故原因，便于建立安全技术档案和指导实践工作。使用该法首先要分清因果地位；其次要注意因果对应，任何结果由一定的原因引起，一定的原因产生一定的结果，因果常是一一对应的，不能混淆；最后，要循因导果，执果索因，从不同的方向用不同的思维方式去进行因果分析，这也有利于发展多向性思维。

按事物之间的因果关系，知因测果或倒果查因。因果预测分析是整个预测分析的基础。因果分析法（技术）运用于项目管理中，就是以结果作为特性，以原因作为因素，逐步深入研究和讨论项目目前存在问题的方法。因果分析法的可交付成果就是因果分析图。一旦确定了因果分析图，项目团队就应该对之进行解释说明，通过数据统计分析、测试、收集有关问题的更多数据或与客户沟通来确认最基本的原因。确认了基本原因之后，项目团队就可以开始制订解决方案并进行改进了。

任务五　能力实践——用事件树分析事故

一、事件树分析法定义

用事件树分析事故

事件树分析法是按照事故发生发展的先后顺序，分成阶段，一步一步地进行分析，每一步都从成功或失败两种可能后果考虑，用树状图表示其可能结果的分析方法。这种方法将系统可能发生的某种事故与导致事故发生的各种原因之间的逻辑关系用一种称为事件树的树形图表示，通过对事件树的定性与定量分析，找出事故发生的主要原因，为确定安全对策提供可靠依据，以达到猜测与预防事故发生的目的。

二、事件树分析原理

事件树每个系统都是由若干个元件组成的，每一个元件对规定的功能都存在具有和不具有两种可能。如果事故发展过程中包括有 n 个相继发生的事件，则系统一般总计有 $2n$ 条可能发展途径，即最终结果有 $2n$ 个。元件具有其规定的功能，表明正常（成功）；不具有规定功能，表明失效（失败）。按照系统的构成顺序，从初始元件开始，由左向右分析各元件成功与失败两种可能，直到最后一个元件为止。分析的过程用图形表示出来，就得到近似水平的树形图。

通过事件树分析，可以把事故发生、发展的过程直观地展现出来，如果在事件（隐患）发展的不同阶段采取恰当措施阻断其向前发展，就可达到预防事故的目的。

事件树分析就是从事故的起因事件开始，途经原因事件，到结果事件为止，每一事件都按成功或者失败两种状态进行分析，用树枝代表事假的发生过程，一般把时间的成功分枝画在上面，失败分枝画在下面，最后得到各种可能的结果。

以煤矿斜井上平台为例，若某种原因使矿车脱钩，造成上平台跑车。对这一事件以后的发生、发展及其可能出现的结果，可采用事件树分析方法进行分析。

事件树从上平台跑车画起，接着分析上平台挡车器完好与否，若挡车器完好，就可避免事故 S_1（安全）；在此处挡车器失灵的情况下，如果上变坡点处的挡车器完好，也可避免事故发生 S_2（险肇）；即使此处的挡车器也失灵，如果变坡点下方 20 m 处的挡车器完好，也仍然可以化险为夷 S_3（严重险肇）。事实上，由于三处的挡车器全部失灵，才导致最终发展为斜井跑车事故 S_4。绘制的事件树如图 4-2 所示。

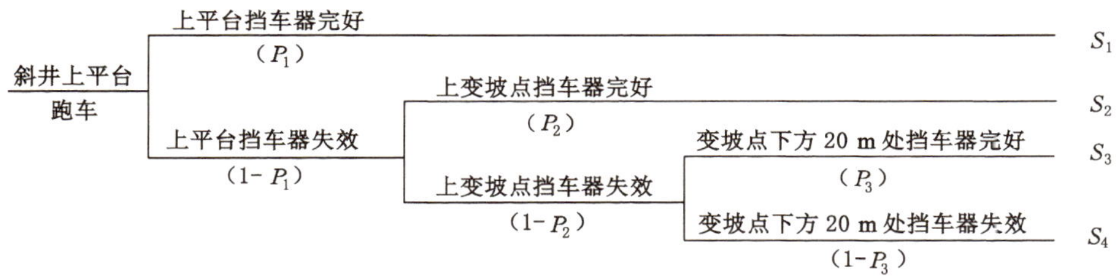

图 4-2 斜井跑车事件树分析图

三、事件树编制程序

1. 确定初始事件

初始事件是事故在未发生时，其发展过程中的危害事件或危险事件，如机器故障、设备损坏、能量外逸或失控、人的误动作等。可以用两种方法确定初始事件：① 根据系统设计、系统危险性评价、系统运行经验或事故经验等确定；② 根据系统重大故障或事故树分析，从其中间事件或初始事件中选择。

2. 判定安全功能

系统中包含许多安全功能，在初始事件发生时消除或减轻其影响，以维持系统的安全运行。常见的安全功能列举如下：对初始事件自动采取控制措施的系统，如自动停车系统等；提醒操作者初始事件发生了的报警系统；根据报警或工作程序要求操作者采取的措施；缓冲装置，如减振、压力卸放系统或排放系统等；局限或屏蔽措施等。

3. 绘制事件树

从初始事件开始，按事件发展过程自左向右绘制事件树，用树枝代表事件发展途径。首先考察初始事件一旦发生时最先起作用的安全功能，把可以发挥功能的状态画在上面的分枝，不能发挥功能的状态画在下面的分枝。然后依次考察各种安全功能的两种可能状态，把发挥功能的状态（又称成功状态）画在上面的分枝，把不能发挥功能的状态（又称失败状态）画在下面的分枝，直到到达系统故障或事故为止。

4. 简化事件树

在绘制事件树的过程中，可能会遇到一些与初始事件或与事故无关的安全功能，或者其功能关系相互矛盾、不协调的情况，需用工程知识和系统设计的知识予以辨别，然后从树枝中去掉，即构成简化的事件树。在绘制事件树时，要在每个树枝上写出事件状态，树枝横线上面写明事件过程、内容特征，横线下面注明成功或失败的状况说明。

四、事件树定量分析

1. 确定初因事件的概率

通过可靠性预计、故障树分析或使用统计等方法得出其故障概率，一般需要长期数据积累再统计得出。

2. 确定后续事件及各后果事件的发生概率

事件树分析如图 4-3 所示。

（1）简化计算后果事件的概率

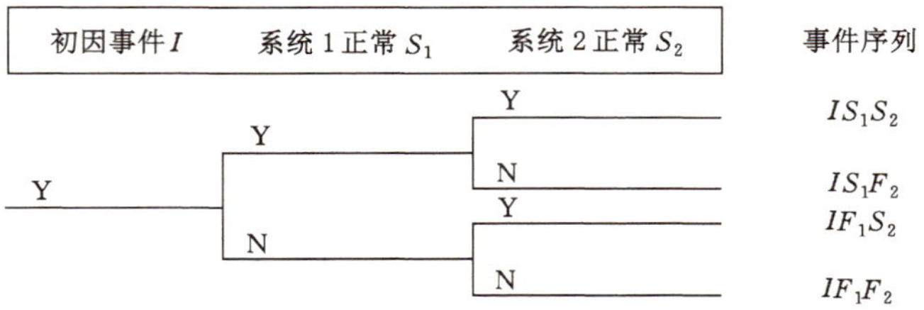

图 1-3　事件树分析图

$$P(IS_1S_2)=P(I)\cdot P(S_1)\cdot P(S_2)\approx P(I)$$
$$P(IS_1F_2)=P(I)\cdot P(S_1)\cdot P(F_2)\approx P(I)\cdot P(F_2)$$
$$P(IF_1S_2)=P(I)\cdot P(F_1)\cdot P(S_2)\approx P(I)\cdot P(F_1)$$
$$P(IF_1F_2)=P(I)\cdot P(F_1)\cdot P(F_2)$$

(2) 精确计算后果事件的概率

当事件树中的各事件的发生不是相互独立时，进行事件树中后果事件发生概率的计算将更为复杂，此时必须考虑各事件发生的条件概率。仍以图 4-4 中的事件树为例，后果事件 IF_1F_2 的发生概率为：

$$P(IF_1F_2)=P(I)\cdot P(F_1/I)\cdot P(F_2/F_1,I)$$

$P(F_1/I)$表示在初因事件 I 发生的条件下，系统 1 失效事件(F_1)发生的概率。而 $P(F_2/F_1,I)$表示在初因事件 I 发生、系统 1 失效事件(F_1)也发生的条件下，系统 2 失效事件(F_2)发生的概率。

3. 评估各后果事件的风险

事件的风险定义为事件的发生概率与其损失值的乘积：

$$R=P\times C$$

式中　R——后果事件的风险值；

P——单位时间内后果事件的发生概率；

C——后果事件的损失值。

从事件树上可以看出，最后的事故是一系列危害和危险的发展结果，如果中断这种发展过程就可以避免事故发生。因此，在事故发展过程的各阶段，应采取各种可能措施，控制事件的可能性状态，减少危害状态出现概率，增大安全状态出现概率，把事件发展过程引向安全的发展途径。

采取在事件不同发展阶段阻截事件向危险状态转化的措施，最好在事件发展前期过程实现，从而产生阻截多种事故发生的效果。但有时因为技术、经济等原因无法控制，这时就要在事件发展后期过程采取控制措施。显然，要在各条事件发展途径上都采取措施才行。

事件树分析中，如果通过大量统计资料，分析得出事故发生发展过程中各种事件的发生概率，就可进行事件树定量分析，计算出事故发生的概率。

事件树定量计算的原则是：某一结果事件的发生概率等于从起因事件开始到这个结果事件为止所途经的所有分枝上的事件发生概率的乘积。

对于图 4-3，如果图中事件成功概率分别是 P_1、P_2、P_3，那么失败的概率分别为 $1-P_1$、

$1-P_2$、$1-P_3$，假设 P_1、P_2、P_3 分别为 0.9、0.8、0.7，根据计算原则有：

S_1(安全)的发生概率：$P(S_1)=0.9$；

S_2(险肇)的发生概率：$P(S_2)=(1-P_1)\times P_1=0.1\times0.8=0.08$；

S_3(严重险肇)的发生概率：$P(S_3)=(1-P_1)\times(1-P_2)\times P_3=0.1\times0.2\times0.7=0.014$；

S_4(斜井跑车)的发生概率：$P(S_4)=(1-P_1)\times(1-P_2)\times(1-P_3)=0.1\times0.2\times0.3=0.006$。

五、事件树分析程序

① 确定系统及其构成因素，也就是明确所要分析的对象和范围，找出系统的组成因素，以便展开分析。

② 分析要素的因果关系及成功或失败的两种状态。

③ 从系统的起始状态或起因事件开始，按照系统构成要素的排列次序，从左向右逐步编制与展开事件树。

④ 根据需要，标示出各节点成功或失败的概率值，进行定量计算，求出因失败而造成事故发生的概率。

六、事件树分析注意事项

① 在收集与事故有关的信息时，要有效地利用平时安全检查的结果、检修记录、未遂事故与故障信息，以及其他与各类事故有关的资料，努力掌握同类企业的安全、事故信息。

② 根据选定的起因事件来重点或优先施行事件树分析。

③ 选择起因事件时，要将重点放在安全系统影响最大、发生频率最高、涉及的机械设备或职工人数最多、影响面最广的项目上。

④ 根据事件树分析结果制定对策时，要按分析结果，优先考虑发生概率高、影响范围大的项目，并尽可能采用双重以上的安全措施。

⑤ 采取安全措施时，除加强安全管理，完善安全管理体制外，保证物的安全状态应是措施的重点，应尽量采用各种安全保护装置并使其始终处于完好状态。

七、事件树分析法应用实例

机动车辆行驶在无人看守的平交道口，发动机突然熄火，车辆正停留在轨道上。这一事件可能导致的事故用事件树分析，如图 4-4 所示。

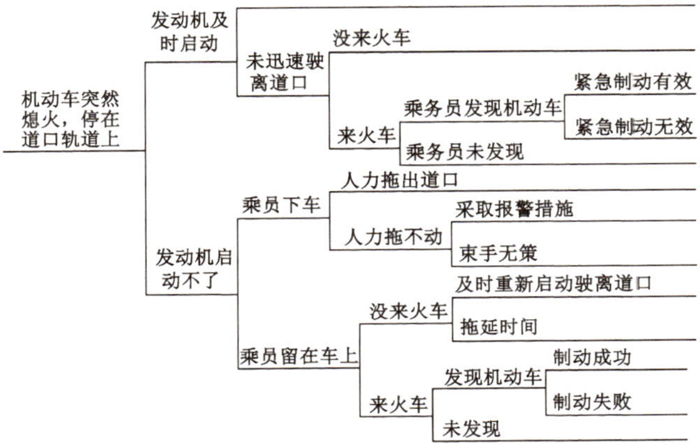

图 4-4 道口事件树

任务六 能力实践——用事故树分析事故

一、事故树分析法定义

用事故树分析事故

事故树分析(FTA)是一种演绎推理法,这种方法把系统可能发生的某种事故与导致事故发生的各种原因之间的逻辑关系用一种称为事故树的树形图表示。通过对事故树的定性与定量分析,找出事故发生的主要原因,为确定安全对策提供可靠依据,以达到预测与预防事故发生的目的。

二、事故树符号意义

事故树采用的符号包括事件符号、逻辑门符号和转移符号三大类。

1. 事件及事件符号

在事故树分析中各种非正常状态或不正常情况皆称事故事件,各种完好状态或正常情况皆称成功事件,两者均简称为事件。事故树中的每一个节点都表示一个事件。

(1) 结果事件

结果事件是由其他事件或事件组合所导致的事件,它总是位于某个逻辑门的输出端。用矩形符号表示结果事件,如图 4-5(a)所示。结果事件分为顶上事件和中间事件。

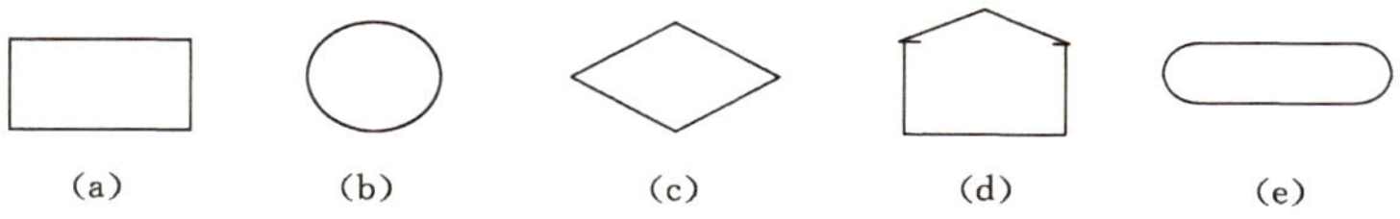

图 4-5 事故树的事件符号

① 顶上事件:是事故树分析中所关心的结果事件,位于事故树的顶端,总是所讨论事故树中逻辑门的输出事件而不是输入事件,即系统可能发生的或实际已经发生的事故结果。

② 中间事件:是位于事故树顶事件和基本事件之间的结果事件。它既是某个逻辑门的输出事件,又是其他逻辑门的输入事件。

(2) 基本事件

基本事件是导致其他事件的原因事件,位于事故树的底部,它总是某个逻辑门的输入事件而不是输出事件。基本事件又分为基本原因事件和省略事件。

① 基本原因事件:表示导致顶上事件发生的最基本的或不能再向下分析的原因或缺陷事件,用图 4-5(b)中的圆形符号表示。

② 省略事件:表示没有必要进一步向下分析或其原因不明确的原因事件。另外,省略事件还表示二次事件,即不是本系统的原因事件,而是来自系统之外的原因事件,用图 4-5(c)中的菱形符号表示。

(3) 特殊事件

特殊事件是指在事故树分析中需要表明其特殊性或引起注意的事件。特殊事件又分为开关事件和条件事件。

① 开关事件:又称正常事件,是在正常工作条件下必然发生或必然不发生的事件,用图 4-5(d)中房形符号表示。

② 条件事件：是限制逻辑门开启的事件，用图 4-5(e)中椭圆形符号表示。

2. 逻辑门及其符号

逻辑门是连接各事件并表示其逻辑关系的符号。

(1) 与门

与门可以连接数个输入事件 $E_1, E_2, \cdots, E_n$ 和一个输出事件 E，表示仅当所有输入事件都发生时，输出事件 E 才发生的逻辑关系。与门符号如图 4-6(a)所示。

(2) 或门

或门可以连接数个输入事件 $E_1, E_2, \cdots, E_n$ 和一个输出事件 E，表示至少一个输入事件发生时，输出事件 E 就发生。或门符号如图 4-6(b)所示。

(3) 非门

非门表示输出事件是输入事件的对立事件。非门符号如图 4-6(c)所示。

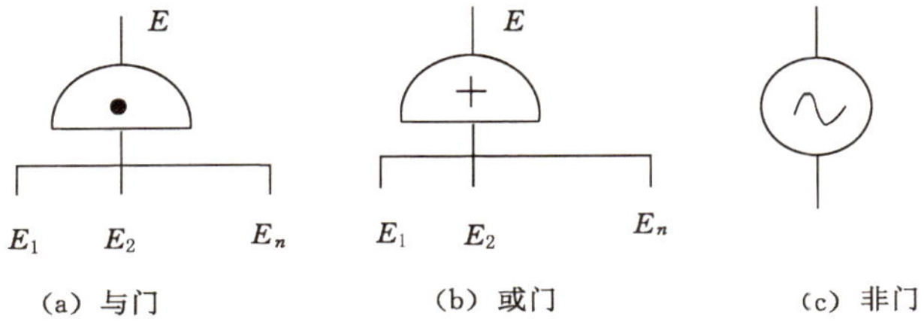

图 4-6 逻辑门符号

三、事故树分析程序

事故树分析是根据系统可能发生的事故或已经发生的事故所提供的信息，去寻找与事故发生有关的原因，从而采取有效的防范措施，防止事故发生。这种分析方法一般可按下述步骤进行。分析人员在具体分析某一系统时可根据需要和实际条件选取其中若干程序。

1. 准备阶段

① 确定所要分析的系统。在分析过程中，合理地处理好所要分析系统与外界环境及其边界条件，确定所要分析系统的范围，明确影响系统安全的主要因素。

② 熟悉系统。这是事故树分析的基础和依据。对于已经确定的系统进行深入的调查研究，收集系统的有关资料与数据，包括系统的结构、性能、工艺流程、运行条件、事故类型、维修情况、环境因素等。

③ 调查系统发生的事故。收集、调查所分析系统曾经发生过的事故和将来有可能发生的事故，同时还要收集、调查本单位与外单位、国内与国外同类系统曾发生的所有事故。

2. 事故树的编制

(1) 确定事故树的顶上事件

顶上事件就是所要分析的对象事件。选择顶上事件，一定要在详细了解系统情况、有关事故的发生情况和发生可能以及事故的严重程度和事故发生概率等资料的情况下进行，而且事先要仔细寻找造成事故的直接原因和间接原因。然后，根据事故的严重程度和发生概率确定要分析的顶上事件，将其扼要地填写在矩形框内。

顶上事件也可以是在运输生产中已经发生过的事故，如车辆追尾、道口火车与汽车相撞事故等事故。通过编制事故树，找出事故原因，制定具体措施，防止事故再次发生。

（2）调查与顶上事件有关的所有原因事件

顶上事件确定之后，为了编制好事故树，必须将造成顶上事件的所有直接原因事件找出来，尽可能不要漏掉。直接原因事件可以是机械故障、人的因素或环境原因等。从人、机、环境和信息等方面调查与事故树顶上事件有关的所有事故原因，确定事故原因并进行影响分析。

要找出直接原因，可以采取对造成顶上事件的原因进行调查，召开有关人员座谈会，也可根据以往的一些经验进行分析，确定造成顶上事件的原因。

（3）编制事故树

在找出造成顶上事件的各种原因之后，就可以用相应事件符号和适当的逻辑门把它们从上到下分层连接起来，层层向下，直到最基本的原因事件，这样就构成一个事故树。即采用一些规定的符号，按照一定的逻辑关系，把事故树顶事件与引起顶事件的原因事件绘制成反映因果关系的树形图。

在用逻辑门连接上下层之间的事件原因时，若下层事件必须全部同时发生，上层事件才会发生时，就用“与门”连接。逻辑门的连接问题在事故树中是非常重要的，含糊不得，它涉及各种事件之间的逻辑关系，直接影响着以后的定性分析和定量分析。

3. 事故树定性分析

事故树定性分析主要是按事故树结构进行化简，求取事故树的最小割集或最小径集以及基本事件的结构重要度，根据定性分析的结果确定预防事故的安全保障措施。

4. 事故树定量分析

事故树定量分析主要是根据引起事故发生的各基本事件的发生概率，计算事故树顶上事件发生的概率、各基本事件的概率重要度和关键重要度。根据定量分析的结果以及事故发生以后可能造成的危害，对系统进行风险分析，以确定安全投资方向。

5. 事故树分析的结果总结与应用

必须及时对事故树分析的结果进行评价、总结，提出改进建议，整理、储存事故树定性和定量分析的全部资料与数据，并注重综合利用各种安全分析的资料，为系统安全性评价与安全性设计提供依据。

四、事故树定性分析内容

定性分析是事故树分析的核心内容，其目的是分析事故发生规律及特点，找出控制事故的可行性方案，并从事故树结构上分析基本事件的重要程度，以便按轻重缓急采取措施。事故树定性分析的主要内容有：

① 利用布尔代数化简事故树。

② 求取事故树最小割集与最小径集。

③ 对基本事件的结构重要度进行分析。

④ 定性分析结论，确定预防事故的安全保障措施。

1. 最小割集及其求法

事故树顶上事件发生与否是由构成事故树的各种基本事件的状态决定的。很显然，所有基本事件都发生时，顶上事件肯定发生。然而，在大多数情况下，并不是所有基本事件都发生时顶上事件才发生，而只要某些基本事件发生就可导致顶上事件发生。割集也叫作截集或截止集，它是导致顶上事件发生的基本事件的集合。也就是说事故树中一组基本事件的发生，能够造成顶上事件发生，这组基本事件就叫割集。引起顶上事件发生的基本事件的最低限度的集合叫最小割集。换言之，如果割集中任意去掉一个基本事件后就不是割集，那么这样的割集就是最小割集。所以，最小割集是引起顶上事件发生的充分必要条件。

最小割集在事故树分析中的作用：表示系统的危险性；表示顶上事件发生的原因组合；为降低系统的危险性提出控制方向和预防措施；可以判定事故树中基本事件的结构重要度和方便地计算顶上事件发生的概率。

最小割集求解方法很多，常用的有行列法和布尔代数化简法。

(1) 行列法

行列法是 1972 年福塞尔提出的方法，所以也称其为福塞尔法。其理论依据是："与门"使割集容量增加，而不增加割集的数量；"或门"使割集的数量增加，而不增加割集的容量。这种方法是从顶上事件开始，用下一层事件代替上一层事件，把"与门"连接的事件按行横向排列，把"或门"连接的事件按列纵横向摆开。这样，逐层向下，直至各基本事件，列出若干行，最后利用布尔代数化简。化简结果，就得出若干最小割集。

为了说明这种计算方法，我们以图 4-7 所示的事故树为例，用行列式求其最小割集，如图 4-8 所示。

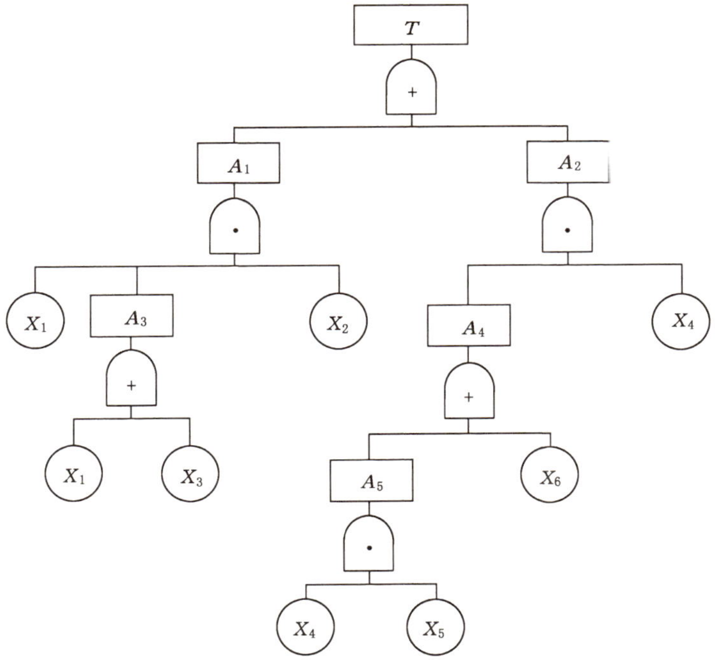

图 4-7 事故树示意图

通过求解，得到 4 组割集，但不是最小割集。最小割集可通过布尔代数化简，去掉同一行中重复的行，最后得到 3 行，即 3 组最小割集：$K_1=\{X_1,X_2\}$；$K_2=\{X_4,X_5\}$；$K_3=\{X_4,X_6\}$。

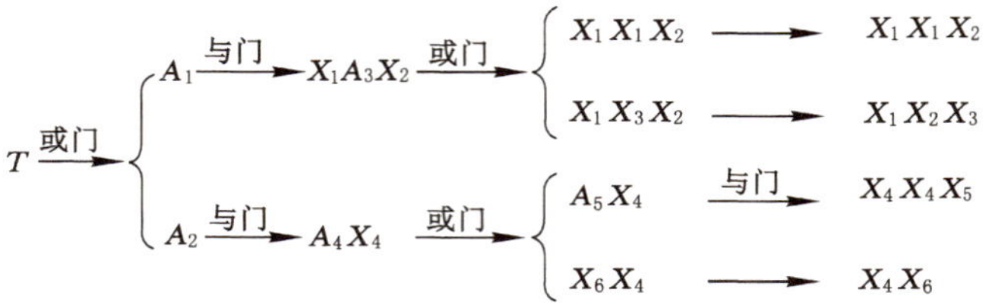

图 4-8　事故树的简化

(2) 布尔代数化简法

布尔代数是一种集合代数,它是英国数学家布尔提出的一种将逻辑演绎变成代数运算形式的逻辑演绎方法。布尔代数中的变量代表一种状态或一种概念,一般用罗马字母或拉丁字母表示。它只有两种可能值,即存在或不存在,用"1"或"0"分别代表这两种状态。这两个值并不表示变量数值上的差别,而只是代表状态或概念上存在与否的符号。

布尔代数的主要运算法则如下:

① 交换律:

$$a+b=b+a$$

$$a\cdot b=b\cdot a$$

② 分配律:

$$a\cdot(b+c)=(a\cdot b)+(a\cdot c)$$

$$(a+b)\cdot(c+d)=(a\cdot c)+(a\cdot d)+(b\cdot c)+(b\cdot d)$$

③ 结合律:

$$(a+b)+c=a+(b+c)$$

$$(a\cdot b)\cdot c=a\cdot(b\cdot c)$$

④ 同一律:

$$a+a=a$$

$$a\cdot a=a$$

⑤ 幺元律:

$$a+1=1$$

$$a\cdot 1=a$$

⑥ 吸收律:

$$a+a\cdot b=a$$

$$a\cdot(a+b)=a$$

⑦ 互补律:

$$a+a'=1$$

$$a\cdot a'=0$$

⑧ 对合律:

$$(a')'=a$$

⑨ 德·莫根律:

$$(a+b)'=a'\cdot b'$$

$$(a\cdot b)'=a'+b'$$

布尔代数式是一种结构函数式,必须将其简化才能进行判断推理。化简的方法就是反复运用布尔代数运算法则。化简的程序如下:

① 代数式有括号,先去括号将函数式展开。

② 利用同一律归纳相同项。

③ 充分利用幺元律和吸收律直接化简。

【例 4-1】　化简布尔代数式 $T=(AC+BD)(AC+BC+D)$。

解:① 将函数式展开:

$$T=(AC+BD)(AB+BC+D)$$

$$=ACAB+ACBC+ACD+BDAB+BDBC+BDD$$

② 利用同一律化简：

$$\begin{aligned}T&=ACB+ABC+ACD+ABD+BCD+BD\\&=ABC+ACD+ABD+BCD+BD\\&=ABC+ACD+ABD+BD(C+1)\end{aligned}$$

③ 利用吸收律化简：

$$\begin{aligned}T&=ABC+ACD+ABD+BD\\&=ABC+ACD+(A+1)BD\\&=ABC+ACD+BD\end{aligned}$$

用布尔代数化简法，最后求出的若干事件逻辑积的逻辑和，每个逻辑积就是最小割集。现在还以图 4-7 为例，进行化简。

$$\begin{aligned}T&=A_1+A_2\\&=X_1A_3X_2+A_4X_4\\&=X_1(X_1+X_3)X_2+(A_5+X_6)X_4\\&=X_1X_1X_2+X_1X_3X_2+(X_4X_5+X_6)X_4\\&=X_1X_1X_2+X_1X_3X_2+X_4X_5X_4+X_6X_4\\&=X_1X_2+X_4X_5+X_4X_6\end{aligned}$$

事故树 3 组的最小割集：$K_1=\{X_1,X_2\}$，$K_2=\{X_4,X_5\}$，$K_3=\{X_4,X_6\}$。

2. 最小径集及其求法

在事故树中，当所有基本事件都不发生时，顶上事件肯定不会发生。然而，顶上事件不发生常常并不要求所有基本事件都不发生，而只要某些基本事件不发生顶上事件就不会发生。这些不发生的基本事件的集合称为径集，也称通集或路集。在同一事故树中，不包含其他径集的径集称为最小径集。如果径集中任意去掉一个基本事件后就不再是径集，那么该径集就是最小径集。所以，最小径集是保证顶上事件不发生的充分必要条件。

最小径集在事故树分析中的作用：表示系统的安全性；选取确保系统安全的最佳方案；同样可以判定事故树中基本事件的结构重要度和计算顶上事件发生的概率。

求最小径集是利用它与最小割集的对偶性，首先作出与事故树对偶的成功树，就是把原来事故树的“与门”换成“或门”，“或门”换成“与门”，各类事件“发生”换成“不发生”。然后，利用上节所述方法，求出成功树的最小割集，经对偶变换后就是事故树的最小径集。

为什么要这样转换呢？因为，对于“与门”连接输入事件和输出事件的情况，只要有一个事件不发生，输出事件就可以不发生，所以，在成功树中换用“或门”连接输入事件和输出事件；而对于“或门”连接的输入事件和输出事件的情况，则必须所有输入事件均不发生，输出事件才不发生，所以，在成功树中换用“与门”连接输入事件和输出事件。

同一事故树中最小割集和最小径集数目是不相等的。如果在事故树中与门多、或门少，则最小割集的数目较少；反之，若或门多与门少，则最小径集数目较少。在求最小割（径）集时，为了减少计算工作量，应从割（径）集数目较少的入手。

若遇到很复杂的系统，往往很难根据逻辑门的数目来判定割（径）集数目。与门仅增加割集的容量（即基本事件的个数），而不增加割集的数量；或门则增加割集的数量，而不增加割集的容量。下面介绍一种用“加乘法”求割（径）集数目。但要注意，求割集数目和径集数目，要分别在事故树和成功树上进行。

如图 4-9 所示，首先根据事故树画出成功树，再给各基本事件赋“1”，然后根据输入事件与输出事件之间的逻辑门确定“加”或“乘”，若遇到或门就用“加”，遇到与门则用“乘”。

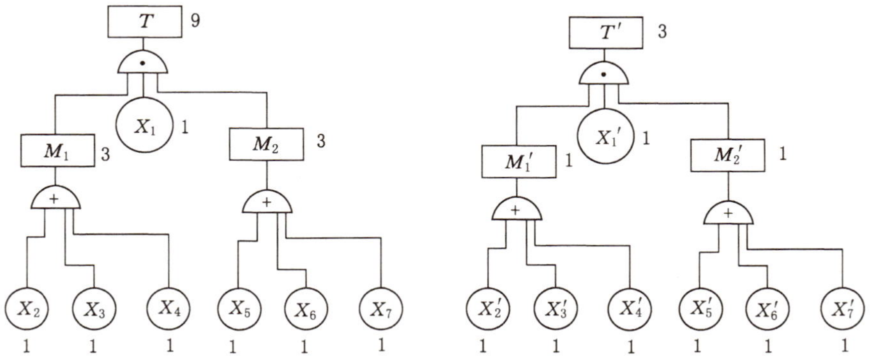

(a) 事故树　　(b) 成功树

图 4-9　事故树转化成功树示意图

割集数目：

$$M_1 = 1+1+1=3$$
$$M_2 = 1+1+1=3$$
$$T = 3\times 3\times 1=9$$

径集数目：

$$M_1 = 1\times 1\times 1=1$$
$$M_2 = 1\times 1\times 1=1$$
$$T = 1+1+1=3$$

割集数目比径集数目多，此时用径集分析要比用割集分析简单。如果估算出某事故树的割、径集数目相差不多，一般从分析割集入手较好。这是因为最小割集的意义是导致事故发生的各种途径，得出的结果简明、直观。

五、事故树分析法应用实例

【例 4-2】 在西安，由于建设量大、建筑垃圾多，因此渣土车随处可见。但是渣土车超载冒尖、抛撒、乱倒、超速行驶、闯红灯、逆行等违章问题相当严重，因此渣土车频频闯祸。继 12 月 2 日 10 岁的小女孩琪琪、12 月 4 日一位上街买菜的 76 岁老太被渣土车撞到身亡后，12 月 5 日凌晨又发生一起渣土车撞人事故，导致一位横穿绿化带过马路的男子不幸身亡。至此，他已成为今年以来第 51 位因渣土车事故遇难的市民，也是 4 天以来的第 3 起渣土车引起的惨剧。通过运用事故树分析方法简要分析西安渣土车车祸事故，从中找到解决方案。

1. 事故(一)

12 月 2 日，西安一辆渣土车超速行驶，将放学回家的十岁女童所乘坐的电动车挂到，女童不幸身亡。西安市交警支队宣传处处长透露，2011 年前 10 个月，西安市发生 43 起因渣土车引起的重大交通事故，死亡 46 人。

渣土车本是城市建设不可或缺的工具，而近年来由于频繁发生交通事故，渣土车已成为城市管理的“顽疾”。据了解，“拉土清理钱”和“卖土钱”是渣土车司机的主要收入来源。司机多为车主雇佣的临时人员，由于每晚要向车主交纳“包车钱”，而多跑的钱归司机个人所得，所以“多拉快跑”成为渣土车司机的“共识”。西安目前处于大建设、大发展时期，工程量较大，垃圾量也在内地城市中列前位。

2007 年西安市给渣土车安装 GPS，2008 年设检查点，安装阻车器，拦截闯关渣土车，加装标有车号的警灯。2010 年由西安市市容园林局交警支队、城管执法局等组成的建筑渣土清运市场整治办公室成立，但渣土车频繁引发交通事故的情况并未得到有效遏制。

2008 年 10 月 30 日，西安西郊一位过马路的六旬老人命丧渣土车轮下；2008 年 12 月 5 日，两辆渣土车在西安东郊幸福路十字路口相撞，造成两名司机一死一伤；2009 年 1 月 4 日在西安北三环一辆渣土车逆行将一名 9 岁男童撞死。据西安交警部门统计，西安渣土车闯红灯、超速行为在 2011 年 7 月达 12 000 多次，单车违法行为最高达到 42 次。渣土车引发的交通事故屡见不鲜，而从渣土车上掉落的泥土与石块也使正常行驶的车辆增加了风险。

2. 事故（二）

7 月 12 日 19 点，一辆渣土车行驶至灞桥区半引路南殿村时，冲上道沿撞倒一名老太太，后又撞断一根电线杆，老太太当场死亡，渣土车司机也因车辆侧翻腿部骨折。

20 点 20 左右，莲湖区兴中路和工农路十字路口，一辆渣土车由东向北拐弯时，由于车速过快，一辆拉水桶的机动三轮车躲避不及，撞倒路边一位正在行走的老人。老人受重伤，三轮车司机受轻伤，渣土车司机驾车逃离。

21 时许，两名骑摩托车男子沿鱼斗公路西段由东向西行驶时，被迎面开来的一辆渣土车撞倒，造成摩托车上一男子颅骨骨折，昏迷不醒。

几乎同一时间，凤城十路和朱宏路十字路口也发生一起车祸。3 辆渣土车由北向西拐弯时，前面两辆渣土车发生碰撞，第三辆车为了避让，拐上了公交车专用道，轧死一名骑电动三轮车的男子。

用调查所得车祸发生的原因，做出事故的事故树（图 4-10）。

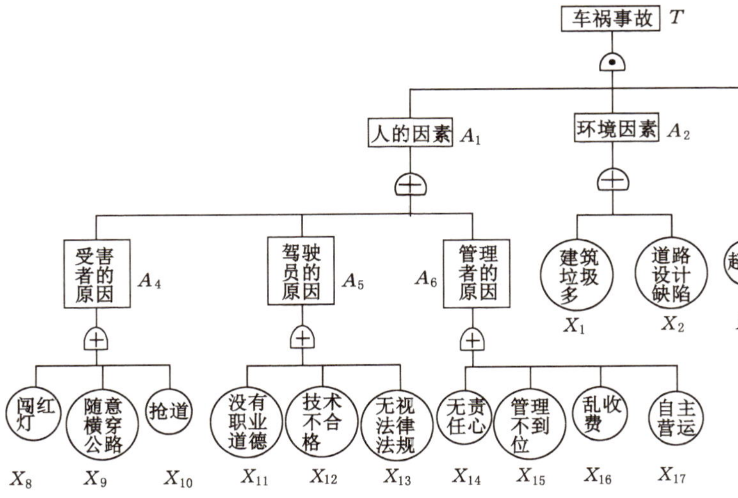

图 4-10 渣土车事故的事故树分析

以上事故树的表达式为：

$$
\begin{aligned}
T &= A_1A_2A_3 \\
&= (A_4+A_5+A_6)(X_1+X_2)(X_3+X_4+X_5+X_6+X_7) \\
&= (X_8+X_9+X_{10}+X_{11}+X_{12}+X_{13}+X_{14}+X_{15}+X_{16}+X_{17})(X_1+X_2)(X_3+X_4+X_5+X_6+X_7) \\
&= X_1X_3X_8+X_1X_3X_9+X_1X_3X_{10}+X_1X_3X_{11}+X_1X_3X_{12}+X_1X_3X_{13}+X_1X_3X_{14}+ \\
&\quad X_1X_3X_{15}+X_1X_3X_{16}+X_1X_3X_{17}+X_1X_4X_8+X_1X_4X_9+X_1X_4X_{10}+X_1X_4X_{11}+ \\
&\quad X_1X_4X_{12}+X_1X_4X_{13}+X_1X_4X_{14}+X_1X_4X_{15}+X_1X_4X_{16}+X_1X_4X_{17}+X_1X_5X_8+ \\
&\quad X_1X_5X_9+X_1X_5X_{10}+X_1X_5X_{11}+X_1X_5X_{12}+X_1X_5X_{13}+X_1X_5X_{14}+X_1X_5X_{15}+ \\
&\quad X_1X_5X_{16}+X_1X_5X_{17}+X_1X_6X_8+X_1X_6X_9+X_1X_6X_{10}+X_1X_6X_{11}+X_1X_6X_{12}+ \\
&\quad X_1X_6X_{13}+X_1X_6X_{14}+X_1X_6X_{15}+X_1X_6X_{16}+X_1X_6X_{17}+X_1X_7X_8+X_1X_7X_9+ \\
&\quad X_1X_7X_{10}+X_1X_7X_{11}+X_1X_7X_{12}+X_1X_7X_{13}+X_1X_7X_{14}+X_1X_7X_{15}+X_1X_7X_{16}+ \\
&\quad X_1X_7X_{17}+X_2X_3X_8+X_2X_3X_9+X_2X_3X_{10}+X_2X_3X_{11}+X_2X_3X_{12}+X_2X_3X_{13}+ \\
&\quad X_2X_3X_{14}+X_2X_3X_{15}+X_2X_3X_{16}+X_2X_3X_{17}+X_2X_4X_8+X_2X_4X_9+X_2X_4X_{10}+ \\
&\quad X_2X_4X_{11}+X_2X_4X_{12}+X_2X_4X_{13}+X_2X_4X_{14}+X_2X_4X_{15}+X_2X_4X_{16}+X_2X_4X_{17}+ \\
&\quad X_2X_5X_8+X_2X_5X_9+X_2X_5X_{10}+X_2X_5X_{11}+X_2X_5X_{12}+X_2X_5X_{13}+X_2X_5X_{14}+ \\
&\quad X_2X_5X_{15}+X_2X_5X_{16}+X_2X_5X_{17}+X_2X_6X_8+X_2X_6X_9+X_2X_6X_{10}+X_2X_6X_{11}+ \\
&\quad X_2X_6X_{12}+X_2X_6X_{13}+X_2X_6X_{14}+X_2X_6X_{15}+X_2X_6X_{16}+X_2X_6X_{17}+X_2X_7X_8+ \\
&\quad X_2X_7X_9+X_2X_7X_{10}+X_2X_7X_{11}+X_2X_7X_{12}+X_2X_7X_{13}+X_2X_7X_{14}+X_2X_7X_{15}+ \\
&\quad X_2X_7X_{16}+X_2X_7X_{17}
\end{aligned}
$$

对事故树检查分析，可求出最小割集 100 组，所以引起车祸事故的可能途径有 100 种。这些最小割集为：

$K_1=\{X_1X_3X_8\}$，$K_2=\{X_1X_3X_9\}$，$K_3=\{X_1X_3X_{10}\}$，…，$K_{98}=\{X_2X_7X_{15}\}$，$K_{99}=\{X_2X_7X_{16}\}$，$K_{100}=\{X_2X_7X_{17}\}$

通过以上案例分析可知，导致众多渣土车事故发生有很多种可能的途径，但是渣土车事故的发生是有条件的，条件满足了才可能发生，反之是不会发生的。这就给我们防止渣土车事故的发生提供了科学的依据，虽然垃圾是不可能不产生的，但只要我们在管理、开车、行走时都按规定，那么这种事故就可能被避免了。因此，这就需要政府做出强有力的措施。首先，要严格考核渣土车司机的驾驶技术和安全意识。其次，制定严密的处罚措施，一定要给违规司机以严重的打击，对严重违反交通规则的处以吊销执照和罚款，终生取消从事渣土车营运资质，车辆备案证收回，终生不得从事渣土车营运；严格落实“倒查机制”，对违法违规清运车辆驶出的出土工地一律关停。再次，就是各个管理部门一定要有责任心，处理手段要强硬，解决好管理上的漏洞；执政者在发展问题上能够回归理性，不搞建了拆、拆了建的瞎折腾，少制造一些建筑垃圾；多设交警指挥监察点，在事故多发点、十字路口安装必要的摄像头、雷达测速、交通指挥灯等。规定行人多的时间段内禁止渣土车在三环路(含)以内道路上通行。还要杜绝一些管理员为了个人利益，擅自利用渣土车赚钱、收贿。禁止渣土车司机超载、超速、闯红灯、逆行等一系列违规操作。另外，给渣土车加装限速器、对清运车辆盲区问题进行技术鉴定等。由此，也知道了事故的发生是多方面原因发生交汇后才发生的。虽然有些环境问题不好控制，但应要避免其他人为环节的失误，就需要这些环节按规定正常地运行。这样事故才能避免，生活才能更美好。

【例 4-3】 事故树编制完毕后，为了进行事故树分析，对有些庞大的事故树需要进行化简。事故树化简是通过布尔代数运算进行的。事故树中有两处以上包含同一基本事件时必须经过事故树化简，才能正确计算事故发生概率，否则，会得出错误结果。先用布尔代数式表示事故树(图 4-11)，然后用布尔代数化简方法化简。根据表 4-3 得出的概率结果，可以求出图 4-11 表示的事故树的最小割集和最小径集，并绘制出等效事故树。

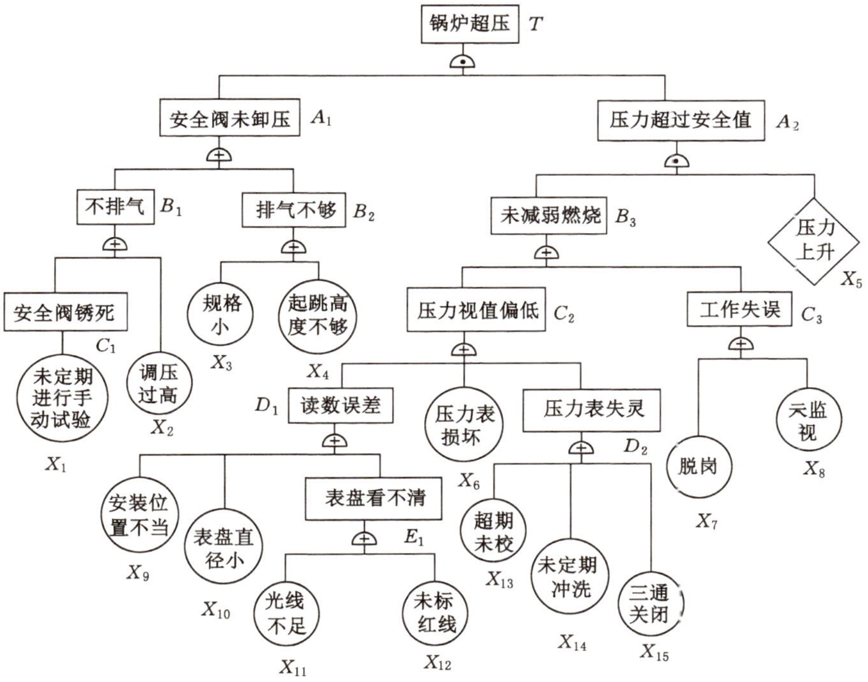

图 4-11　锅炉超压事故树分析

表 4-3　锅炉超压事故树中各基本事件发生概率

代号	基本事件名称	q_1	$1-q_1$
X_1	未定期做手动试验	10^{-2}	0.99
X_2	调压过高	10^{-4}	0.999 9
X_3	安全阀规格选小	10^{-3}	0.999
X_4	安全阀起跳高度不够	10^{-3}	0.999
X_5	压力上升	5×10^{-2}	0.95
X_6	压力表损坏	10^{-5}	0.999 99
X_7	脱岗	5×10^{-2}	0.95
X_8	未监视	10^{-2}	0.99
X_9	安装位置不当	10^{-3}	0.999

表 4-3(续)

代号	基本事件名称	q_1	$1-q_1$
X_{10}	表盘直径小	10^{-4}	0.999 9
X_{11}	光线不足	10^{-3}	0.999
X_{12}	未标红线显示	5×10^{-2}	0.95
X_{13}	超期未校	10^{-6}	0.999 999
X_{14}	没定期冲洗	10^{-3}	0.999
X_{15}	三通关闭	10^{-4}	0.999 9

任务七　能力实践——输油管道泄漏爆炸特别重大事故调查报告

山东省青岛市“11·22”中石化东黄输油管道泄漏爆炸特别重大事故调查报告

2013 年 11 月 22 日 10 时 25 分，位于山东省青岛经济技术开发区的中国石油化工股份有限公司管道储运分公司东黄输油管道泄漏原油进入市政排水暗渠，在形成密闭空间的暗渠内油气积聚遇火花发生爆炸，造成 62 人死亡、136 人受伤，直接经济损失 75 172 万元。

一、基本情况

（一）事故单位情况

① 中国石油化工集团公司(以下简称中石化集团公司)，是经国务院批准于 1998 年 7 月在原中国石油化工总公司基础上重组成立的特大型石油石化企业集团，是国家独资设立的国有公司，注册资本 2 316 亿元。

② 中国石油化工股份有限公司(以下简称中石化股份公司)，是中石化集团公司以独家发起方式于 2000 年 2 月设立的股份制企业，主要从事油气勘探与生产、油品炼制与销售、化工生产与销售等业务。

③ 中石化股份公司管道储运分公司(以下简称中石化管道分公司)，是中石化股份公司下属的从事原油储运的专业化公司，位于江苏省徐州市，下设 13 个输油生产单位，管辖途经 14 个省(区、市)的 37 条、6 505 km 输油管道和 101 个输油站(库)。

④ 中石化管道分公司潍坊输油处(以下简称潍坊输油处)，是中石化管道分公司下属的输油生产单位，位于山东省潍坊市，负责管理东黄输油管道等 5 条、872 km 管道。

⑤ 中石化管道分公司黄岛油库(以下简称黄岛油库)，是中石化管道分公司下属的输油生产单位，位于山东省青岛经济技术开发区，负责港口原油接收及转输业务。黄岛油库油罐总容量 210 万 m^3(其中，5 万 m^3 油罐 34 座，10 万 m^3 油罐 4 座)。

⑥ 潍坊输油处青岛输油站(以下简称青岛站)，是潍坊输油处下属的管道运行维护单位，位于山东省青岛市胶州市，负责管理东黄输油管道胶州、高密界至黄岛油库的 94 km 管道。

（二）青岛经济技术开发区情况

青岛经济技术开发区（以下简称开发区）是经国务院批准于1984年10月成立的。目前管理区域总面积478 km^2，有黄岛、薛家岛等7个街道办事处和1个镇、322个村（居），常住人口近80万人。2012年，完成地区生产总值1 365亿元。

（三）东黄输油管道相关情况

东黄输油管道于1985年建设，1986年7月投入运行，起自山东省东营市东营首站，止于开发区黄岛油库。设计输油能力2 000万t/a，设计压力6.27 MPa。管道全长248.5 km，管径711 mm，材料为API5LX-60直缝焊接钢管。管道外壁采用石油沥青布防腐，外加电流阴极保护。1998年10月改由黄岛油库至东营首站反向输送，输油能力1 000万t/a。

事故发生段管道沿开发区秦皇岛路东西走向，采用地埋方式敷设。北侧为青岛丽东化工有限公司厂区，南侧有青岛益和电器集团公司、青岛信泰物流有限公司等企业。

事故发生时，东黄输油管道输送埃斯坡、罕戈1∶1混合原油，密度0.86 t/m^3，饱和蒸汽压13.1 kPa，蒸汽爆炸极限1.76%～8.55%，闭杯闪点－16 ℃。油品属轻质原油。原油出站温度27.8 ℃，满负荷运行出站压力4.67 MPa。

（四）排水暗渠相关情况

事故主要涉及刘公岛路（秦皇岛路以南并与秦皇岛路平行）至入海口的排水暗渠，全长约1 945 m，南北走向，通过桥涵穿过秦皇岛路。秦皇岛路以南排水暗渠（上游）沿斋堂岛街西侧修建，最南端位于斋堂岛街与刘公岛路交会的十字路口西北侧，长度约为557 m；秦皇岛路以北排水暗渠（下游）穿过青岛丽东化工有限公司厂区，并向北延伸至入海口，长度约为1 388 m。斋堂岛街东侧建有青岛益和电器设备有限公司、开发区第二中学等单位；斋堂岛街西侧建有青岛信泰物流有限公司、华欧北海花园、华欧水湾花园等企业及居民小区。

排水暗渠分段、分期建设。1995年、1997年先后建成秦皇岛路桥涵南、北半幅（南半幅长30 m、宽18 m、高3.29 m，北半幅长25 m、宽18 m、高2.87 m）。秦皇岛路桥涵以南沿斋堂岛街的排水明渠于1996年建设完成；1998年、2002年、2008年经过3次加设盖板改造，成为排水暗渠（暗渠宽8 m、高2.5 m）。秦皇岛路桥涵以北的排水暗渠于2004年、2009年分两期建设完成（暗渠宽13 m、高2.0～2.5 m不等）。排水暗渠底板为钢筋混凝土，墙体为浆砌石，顶部为预制钢筋混凝土盖板。

（五）东黄输油管道与排水暗渠交叉情况

输油管道在秦皇岛路桥涵南半幅顶板下架空穿过，与排水暗渠交叉。桥涵内设3座支墩，管道通过支墩洞孔穿越暗渠，顶部距桥涵顶板110 cm，底部距渠底148 cm，管道穿过桥涵两侧壁部位采用细石混凝土进行封堵。管道泄漏点位于秦皇岛路桥涵东侧墙体外15 cm，处于管道正下部位置。

二、事故发生经过及应急处置情况

（一）原油泄漏处置情况

1. 企业处置情况

11月22日2时12分，潍坊输油处调度中心通过数据采集与监视控制系统发现东黄输油管道黄岛油库出站压力从4.56 MPa降至4.52 MPa，两次电话确认黄岛油库无操作因素后，判断管道泄漏；2时25分，东黄输油管道紧急停泵停输。

2时35分，潍坊输油处调度中心通知青岛站关闭洋河阀室截断阀（洋河阀室距黄岛油库24.5 km，为下游距泄漏点最近的阀室）；3时20分左右，截断阀关闭。

2时50分，潍坊输油处调度中心向处运销科报告东黄输油管道发生泄漏；2时57分，通知抢维修中心安排人员赴现场抢修。

3时40分左右，青岛站人员到达泄漏事故现场，确认管道泄漏位置距黄岛油库出站口约1.5 km，位于秦皇岛路与斋堂岛街交叉口处。组织人员清理路面泄漏原油，并请求潍坊输油处调用抢险救灾物资。

4时左右，青岛站组织开挖泄漏点、抢修管道，安排人员拉运物资清理海上溢油。

4时47分，运销科向潍坊输油处处长报告泄漏事故现场情况。

5时07分，运销科向中石化管道分公司调度中心报告原油泄漏事故总体情况。

5时30分左右，潍坊输油处处长安排副处长赴现场指挥原油泄漏处置和入海原油围控。

6时左右，潍坊输油处、黄岛油库等现场人员开展海上溢油清理。

7时左右，潍坊输油处组织泄漏现场抢修，使用挖掘机实施开挖作业；7时40分，在管道泄漏处路面挖出2 m×2 m×1.5 m作业坑，管道露出；8时20分左右，找到管道泄漏点，并向中石化管道分公司报告。

9时15分，中石化管道分公司通知现场人员按照预案成立现场指挥部，做好抢修工作；9时30分左右，潍坊输油处副处长报告中石化管道分公司，潍坊输油处无法独立完成管道抢修工作，请求中石化管道分公司抢维修中心支援。

10时25分，现场作业时发生爆炸，排水暗渠和海上泄漏原油燃烧，现场人员向中石化管道分公司报告事故现场发生爆炸燃烧。

2. 政府及相关部门处置情况

11月22日2时31分，开发区公安分局110指挥中心接警，称青岛丽东化工有限公司南门附近有泄漏原油，黄岛派出所出警。

3时10分，110指挥中心向开发区总值班室报告现场情况。至4时17分，开发区应急办、市政局、安全监管局、环保分局、黄岛街道办事处等单位人员分别收到事故报告。4时51分、7时46分、7时48分，开发区管委会副主任、主任、党工委书记分别收到事故报告。

4时10分至5时左右，开发区应急办、安全监管局、环保分局、市政局及开发区安全监管局石化区分局、黄岛街道办事处有关人员先后到达原油泄漏事故现场，开展海上溢油清理。

7时49分，开发区应急办副主任将泄漏事故现场及处置情况报告青岛市政府总值班室。

8时18分至27分，青岛市政府总值班室电话调度青岛市环保局、青岛海事局、青岛市安全监管局，要求进一步核实信息。

8时34分至40分，青岛市政府总值班室将泄漏事故基本情况通过短信报告市政府秘书长、副秘书长、应急办副主任。

8时53分，青岛市政府副秘书长将泄漏事故基本情况短信转发市经济和信息化委员会副主任，并电话通知其立即赶赴事故现场。

9时01分至06分，青岛市政府副秘书长、市政府总值班室将泄漏事故基本情况分别通过短信报告市长及4位副市长。

9时55分，青岛市经济和信息化委员会副主任等到达泄漏事故现场；10时21分，向市政府副秘书长报告海面污染情况；10时27分，向市政府副秘书长报告事故现场发生爆炸燃烧。

（二）爆炸情况

为处理泄漏的管道，现场决定打开暗渠盖板。现场动用挖掘机，采用液压破碎锤进行打孔破碎作业，作业期间发生爆炸。爆炸时间为2013年11月22日10时25分。

爆炸造成秦皇岛路桥涵以北至入海口、以南沿斋堂岛街至刘公岛路排水暗渠的预制混凝土盖板大部分被炸开，与刘公岛路排水暗渠西南端相连接的长兴岛街、唐岛路、舟山岛街排水暗渠的现浇混凝土盖板拱起、开裂和局部炸开，全长波及5 000余米。爆炸产生的冲击波及飞溅物造成现场抢修人员、过往行人、周边单位和社区人员，以及青岛丽东化工有限公司厂区内排水暗渠上方临时工棚及附近作业人员，共62人死亡、136人受伤。爆炸还造成周边多处建筑物不同程度损坏，多台车辆及设备损毁，供水、供电、供暖、供气多条管线受损。泄漏原油通过排水暗渠进入附近海域，造成胶州湾局部污染。

（三）爆炸后应急处置及善后情况

爆炸发生后，山东省委书记、省长迅速率领有关部门负责同志赶赴事故现场，指导事故现场处置工作。青岛市委、市政府主要领导同志立即赶赴现场，成立应急指挥部，组织抢险救援。中石化集团公司董事长立即率工作组赶赴现场，中石化管道分公司调集专业力量、中石化集团公司调集山东省境内石化企业抢险救援力量赶赴现场。国务委员在事故现场听取山东省、青岛市主要领导同志的工作汇报后，指示成立了以省政府主要领导同志为总指挥的现场指挥部，下设8个工作组，开展人员搜救、抢险救援、医疗救治及善后处理等工作。当地驻军也投入力量积极参与抢险救援。

现场指挥部组织2 000余名武警及消防官兵、专业救援人员，调集100余台（套）大型设备和生命探测仪及搜救犬，紧急开展人员搜救等工作。截至12月2日，62名遇难人员身份全部确认并向社会公布。遇难者善后工作基本结束。136名受伤人员得到妥善救治。

青岛市对事故区域受灾居民进行妥善安置，调集有关力量，全力修复市政公共设施，恢复供水、供电、供暖、供气，清理陆上和海上油污。当地社会秩序稳定。

三、事故原因和性质

（一）直接原因

输油管道与排水暗渠交汇处管道腐蚀减薄、管道破裂、原油泄漏，流入排水暗渠及反冲到路面。原油泄漏后，现场处置人员采用液压破碎锤在暗渠盖板上打孔破碎，产生撞击火花，引发暗渠内油气爆炸。

通过现场勘验、物证检测、调查询问、查阅资料，并经综合分析认定：由于与排水暗渠交叉段的输油管道所处区域土壤盐碱和地下水氯化物含量高，同时排水暗渠内随着潮汐变化海水倒灌，输油管道长期处于干、湿交替的海水及盐雾腐蚀环境，加之管道受到道路承重和振动等因素影响，导致管道加速腐蚀减薄、破裂，造成原油泄漏。泄漏点位于秦皇岛路桥涵东侧墙体外 15 cm，处于管道正下部位置。经计算、认定，原油泄漏量约 2 000 t。

泄漏原油部分反冲出路面，大部分从穿越处直接进入排水暗渠。泄漏原油挥发的油气与排水暗渠空间内的空气形成易燃易爆的混合气体，并在相对密闭的排水暗渠内积聚。由于原油泄漏到发生爆炸达 8 个多小时，受海水倒灌影响，泄漏原油及其混合气体在排水暗渠内蔓延、扩散、积聚，最终造成大范围连续爆炸。

（二）间接原因

（1）中石化集团公司及下属企业安全生产主体责任不落实，隐患排查治理不彻底，现场应急处置措施不当

① 中石化集团公司和中石化股份公司安全生产责任落实不到位。安全生产责任体系不健全，相关部门的管道保护和安全生产职责划分不清、责任不明；对下属企业隐患排查治理和应急预案执行工作督促指导不力，对管道安全运行跟踪分析不到位；安全生产大检查存在死角、盲区，特别是在全国集中开展的安全生产大检查中，隐患排查工作不深入、不细致，未发现事故段管道安全隐患，也未对事故段管道采取任何保护措施。

② 中石化管道分公司对潍坊输油处、青岛站安全生产工作疏于管理。组织东黄输油管道隐患排查治理不到位，未对事故段管道防腐层大修等问题及时跟进，也未采取其他措施及时消除安全隐患；对一线员工安全和应急教育不够，培训针对性不强；对应急救援处置工作重视不够，未督促指导潍坊输油处、青岛站按照预案要求开展应急处置工作。

③ 潍坊输油处对管道隐患排查整治不彻底，未能及时消除重大安全隐患。2009 年、2011 年、2013 年先后 3 次对东黄输油管道外防腐层及局部管体进行检测，均未能发现事故段管道严重腐蚀等重大隐患，导致隐患得不到及时、彻底整改；从 2011 年起安排实施东黄输油管道外防腐层大修，截至 2013 年 10 月仍未对包括事故泄漏点所在的 15 km 管道进行大修；对管道泄漏突发事件的应急预案缺乏演练，应急救援人员对自己的职责和应对措施不熟悉。

④ 青岛站对管道疏于管理，管道保护工作不力。制定的管道抢维修制度、安全操作规程针对性、操作性不强，部分员工缺乏安全操作技能培训；管道巡护制度不健全，巡线人员专业知识不够；没有对开发区在事故段管道先后进行排水明渠和桥涵、明渠加盖板、道路拓宽和翻修等建设工程提出管道保护的要求，没有根据管道所处环境变化提出保护措施。

⑤ 事故应急救援不力，现场处置措施不当。青岛站、潍坊输油处、中石化管道分公司对泄漏原油数量未按应急预案要求进行研判，对事故风险评估出现严重错误，没有及时下达启动应急预案的指令；未按要求及时全面报告泄漏量、泄漏油品等信息，存在漏报问题；现场处置人员没有对泄漏区域实施有效警戒和围挡；抢修现场未进行可燃气体检测，盲目动用非防爆设备进行作业，严重违规违章。

（2）青岛市人民政府及开发区管委会贯彻落实国家安全生产法律法规不力

① 督促指导青岛市、开发区两级管道保护工作主管部门和安全监管部门履行管道保护职责和安全生产监管职责不到位，对长期存在的重大安全隐患排查整改不力。

② 组织开展安全生产大检查不彻底，没有把输油管道作为监督检查的重点，没有按照“全覆盖、零容忍、严执法、重实效”的要求，对事故涉及企业深入检查。

③ 黄岛街道办事处对青岛丽东化工有限公司长期在厂区内排水暗渠上违章搭建临时工棚问题失察，导致事故伤亡扩大。

(3) 管道保护工作主管部门履行职责不力，安全隐患排查治理不深入

① 山东省油区工作办公室已经认识到东黄输油管道存在安全隐患，但督促企业治理不力，督促落实应急预案不到位；组织安全生产大检查不到位，督促青岛市油区工作办公室开展监督检查工作不力。

② 青岛市经济和信息化委员会、油区工作办公室对管道保护的监督检查不彻底、有盲区，2013 年开展了 6 次管道保护的专项整治检查，但都没有发现奏皇岛路道路施工对管道安全的影响；对管道改建计划跟踪督促不力，督促企业落实应急预案不到位。

③ 开发区安全监管局作为管道保护工作的牵头部门，组织有关部门开展管道保护工作不力，督促企业整治东黄输油管道安全隐患不力；安全生产大检查走过场，未发现秦皇岛路道路施工对管道安全的影响。

(4) 开发区规划、市政部门履行职责不到位，事故发生地段规划建设混乱

① 开发区控制性规划不合理，规划审批工作把关不严。开发区规划分局对青岛信泰物流有限公司项目规划方案审批把关不严，未对市政排水设施纳入该项目规划建设及明渠改为暗渠等问题进行认真核实，导致市政排水设施继续划入厂区规划，明渠改暗渠工程未能作为单独市政工程进行报批。事故发生区域危险化学品企业、油气管道与居民区、学校等近距离或交叉布置，造成严重安全隐患。

② 管道与排水暗渠交叉工程设计不合理。管道在排水暗渠内悬空架设，存在原油泄漏进入排水暗渠的风险，且不利于日常维护和抢维修；管道处于海水倒灌能够到达的区域，腐蚀加剧。

③ 开发区行政执法局(市政公用局)对青岛信泰物流有限公司厂区明渠改暗渠审批把关不严，以“绿化方案审批”形式违规同意设置盖板，将明渠改为暗渠；实施的秦皇岛路综合整治工程，未与管道企业沟通协商，未按要求计算对管道安全的影响，未对管道采取保护措施，加剧管体腐蚀、损坏；未发现青岛丽东化工有限公司长期在厂区内排水暗渠上违章搭建临时工棚的问题。

(5) 青岛市及开发区管委会相关部门对事故风险研判失误，导致应急响应不力

① 青岛市经济和信息化委员会、油区工作办公室对原油泄漏事故发展趋势研判不足，指挥协调现场应急救援不力。

② 开发区管委会未能充分认识原油泄漏的严重程度，根据企业报告情况将事故级别定为一般突发事件，导致现场指挥协调和应急救援不力，对原油泄漏的发展趋势研判不足；未及时提升应急预案响应级别，未及时采取警戒和封路措施，未及时通知和疏散群众，也未能发现和制止企业现场应急处置人员违规违章操作等问题。

③ 开发区应急办未严格执行生产安全事故报告制度，压制、拖延事故信息报告，谎报开发区分管领导参与事故现场救援指挥等信息。

④ 开发区安全监管局未及时将青岛丽东化工有限公司报告的厂区内明渠发现原油等情况向政府和有关部门通报，也未采取有效措施。

（三）事故性质

经调查认定，山东省青岛市"11·22"中石化东黄输油管道泄漏爆炸特别重大事故是一起生产安全责任事故。

四、对事故有关责任人员及责任单位的处理建议

（一）司法机关已采取措施人员

若干责任人因涉嫌重大责任事故罪，被司法机关已刑事拘留，后批准逮捕。

（二）建议给予党纪、政纪处分人员

对事故发生负有重要领导责任的若干责任人，建议给予行政记过、行政降级、行政撤职、党内严重警告、撤销党内职务等处分。

（三）相关行政处罚及问责建议

① 依据《安全生产法》《生产安全事故报告和调查处理条例》等有关法律法规的规定，责成山东省安全生产监督管理局对中石化管道分公司处以规定上限的罚款，对中石化管道分公司党委书记、总经理各处以 2012 年度收入 80％的罚款。

② 建议责成山东省人民政府、中石化集团公司向国务院做出深刻检查，并抄送国家安全生产监督管理总局和监察部；责成青岛市人民政府向山东省人民政府做出深刻检查。

五、事故防范措施建议

（一）坚持科学发展安全发展，牢牢坚守安全生产红线

中石化集团公司和山东省、青岛市人民政府及有关部门要深刻吸取山东省青岛市"11·22"中石化东黄输油管道泄漏爆炸特别重大事故的沉痛教训，牢固树立科学发展、安全发展理念，牢牢坚守"发展决不能以牺牲人的生命为代价"这条红线。要把安全生产纳入经济社会发展总体规划，建立健全"党政同责、一岗双责、齐抓共管"的安全生产责任体系，坚持管行业必须管安全、管业务必须管安全、管生产经营必须管安全的原则，把安全责任落实到领导、部门和岗位，谁踩红线谁就要承担后果和责任。在发展地方经济、加快城乡建设、推进企业改革发展的过程中，要始终坚持安全生产的高标准、严要求，各级各类开发区招商引资、上项目不能降低安全环保等标准，不能不按相关审批程序搞特事特办，不能违规"一路绿灯"。政府规划、企业生产与安全发生矛盾时，必须服从安全需要，所有工程设计必须满足安全规定和条件。要坚决纠正单纯以经济增长速度评定政绩的倾向，科学合理设定安全生产指标体系，加大安全生产指标考核权重，实行安全生产和重特大事故"一票否决"。中央企业不管在什么地方，必须接受地方的属地监管；地方政府要严格落实属地管理责任，依法依规，严管严抓。

（二）切实落实企业主体责任，深入开展隐患排查治理

中石化集团公司及各油气管道运营企业要认真履行安全生产主体责任，加大人力物力

投入，加强油气管道日常巡护，保证设备设施完好，确保安全稳定运行。要建立健全隐患排查治理制度，落实企业主要负责人的隐患排查治理第一责任，实行谁检查、谁签字、谁负责，做到不打折扣、不留死角、不走过场。要按照《国务院安委会关于开展油气输送管线等安全专项排查整治的紧急通知》（安委〔2013〕9号）要求，认真开展在役油气管道，特别是老旧油气管道检测检验与隐患治理，对与居民区、工厂、学校等人员密集区和铁路、公路、隧道、市政地下管网及设施安全距离不足，或穿（跨）越安全防护措施不符合国家法律法规、标准规范要求的，要落实整改措施、责任、资金、时限和预案，限期更新、改造或者停止使用。国务院安委会将于2014年3月组织抽查，对不认真开展自查自纠、存在严重隐患的企业，要依法依规严肃查处问责。

（三）加大政府监督管理力度，保障油气管道安全运行

山东省、青岛市各级人民政府及相关部门要严格执行《石油天然气管道保护法》《城镇燃气管理条例》等法律法规，认真履行油气管道保护的相关职责。各级人民政府要加强本行政区域油气管道保护工作的领导，督促、检查有关部门依法履行油气管道保护职责，组织排查油气管道的重大外部安全隐患。市政管理部门在市政设施建设中，对可能影响油气管道保护的，要与油气管道企业沟通会商，制定并落实油气管道保护的具体措施。油气管道保护工作主管部门要加大监管力度，对打孔盗油、违章施工作业等危害油气管道安全的行为要依法严肃处理；要按照后建服从先建的原则，加大油气管道占压清理力度。安全监管部门要配备专业人员，加强监管力量；要充分发挥安委会办公室的组织协调作用，督促有关部门采取不发通知、不打招呼、不听汇报、不用陪同和接待，直奔基层、直插现场的方式，对油气管道、城市管网开展暗查暗访，深查隐蔽致灾隐患及其整改情况，对不符合安全环保要求的立即进行整治，对工作不到位的地区要进行通报，对自查自纠等不落实的企业要列入“黑名单”并向社会公开曝光。对瞒报、谎报、迟报生产安全事故的，要按有关规定从严从重查处。

（四）科学规划合理调整布局，提升城市安全保障能力

随着经济高速发展及城市快速扩张，开发区危险化学品企业与居民区毗邻、交错，功能布局不合理，对该区域的安全和环境造成一定影响，也不利于城市的长远发展。青岛市人民政府要对该区域的安全、环境状况进行整体评估、评价，通过科学论证，对产业结构和区域功能进行合理规划、调整，对不符合安全生产和环境保护要求的，要立即制订整治方案，尽快组织实施。各级人民政府要加强本行政区域油气管道规划建设工作的领导，油气管道规划建设必须符合油气管道保护要求，并与土地利用整体规划、城乡规划相协调，与城市地下管网、地下轨道交通等各类地下空间和设施相衔接，不符合相关要求的不得开工建设。

（五）完善油气管道应急管理，全面提高应急处置水平

中石化集团公司和山东省、青岛市各级人民政府及有关部门要高度重视油气管道应急管理工作。各级领导干部要带头熟悉、掌握应急预案内容和现场救援指挥的必备知识，提高应急指挥能力；接到事故报告后，基层领导干部必须第一时间赶到事故现场，不得以短信形式代替电话报告事故信息。油气管道企业要根据输送介质的危险特性及管道状况，制订有针对性的专项应急预案和现场处置方案，并定期组织演练，检验预案的实用性、可操作性，不能“一定了之”“一发了之”；要加强应急队伍建设，提高人员专业素质，配套完善安全检测及

管道泄漏封堵、油品回收等应急装备；对于原油泄漏要提高应急响应级别，在事故处置中要对现场油气浓度进行检测，对危害和风险进行辨识和评估，做到准确研判，杜绝盲目处置，防止油气爆炸。地方各级人民政府要紧密结合实际，制订包括油气管道在内的各类生产安全事故专项应急预案，建立政府与企业沟通协调机制，开展应急预案联合演练，提高应急响应能力；要根据事故现场情况及救援需要及时划定警戒区域，疏散周边人员，维持现场秩序，确保救援工作安全有序。

（六）加快安全保障技术研究，健全完善安全标准规范

要组织力量加快开展油气管道普查工作，摸清底数，建立管道信息系统和事故数据库，深入研究油气管道可能发生事故的成因机理，尽快解决油气管道规划、设计、建设、运行面临的安全技术和管理难题。要吸取国外好的经验和做法，开展油气管道安全法规标准、监管体制机制对比研究，完善油气管道安全法规，制定油气管道穿跨越城区安全布局规划设计、检测频次、风险评价、环境应急等标准规范。要开展油气管道长周期运行、泄漏检测报警、泄漏处置和应急技术研究，提高油气管道安全保障能力。

国务院山东省青岛市“11·22”中石化
东黄输油管道泄漏爆炸特别重大事故调查组

银川抚洋烧烤店
“6·21”特别重大燃
气爆炸事故调查报告

哈尔滨北龙汤泉
休闲酒店有限公司
“8·25”重大火灾
事故调查报告

绥化安达市黑龙江
凯伦达科技有限公司
“4·21”较大中毒
窒息事故调查报告

齐齐哈尔第三十四
中学校“7·23”重大
坍塌事故调查报告

大庆肇州县中亚石油有限公司
“2·4”危险货物车载罐维修较大
爆炸事故调查报告

项目五　个人行为控制

走进课堂

2012 年 7 月 1 日，《河南省生产安全事故隐患排查治理规定》将职工身体欠佳或情绪异常作为生产安全事故隐患，列入生产经营单位排查治理范围之中。该规定还给了职工以“身体欠佳或情绪异常”为由请假的依据，被称为“情绪假”。

这则新条款一经发布便引发了广泛热议，那么这种“情绪假”该不该有呢？

任务一　不安全行为产生原因分析

不安全行为产生的原因很多、很复杂，但大体上可归纳为人的个性原因、心理原因、组织行为原因和社会(家庭)原因等。

不安全行为产生原因分析

一、个性原因

个性是指一个人在一定的社会历史条件下所具有的意识倾向性，以及经常出现的较稳定的心理特征的总和，包含一个人的个性倾向、个性特征及气质、性格、能力等。

1. 气质

现代心理学把气质理解为高级神经活动类型特点，在人的行为方式上所表现出的典型的、稳定的心理特征。这些动力特征主要表现在心理过程的强度、速度、稳定性、灵活性及指向性上。

传统的气质类型分为以下几种。

① 胆汁质：具有高度兴奋性，因而在行为上表现出不均衡性。为人直率、热情、精力旺盛，但情绪易于冲动、心境变化剧烈，当遇到困难、精力消耗殆尽时，就会失去信心，情绪沮丧而一事无成。这类员工对待工作积极负责，说干就干，但容易急躁蛮干，逞能冒险。

② 多血质：对有兴趣的事情反应热忱而有显著的工作效能。活泼好动，善于交际，反应灵活，动作敏捷。但如果事情平凡或不投其所好，他的热情马上就会烟消云散。这类员工在处理安全工作时，机灵敏捷，能够急中生智，但容易投机取巧，遇事经常手忙脚乱。

③ 黏液质：安静、均衡、坚定、顽强。估计能完成任务就会一干到底。待人真挚，态度持重，交际适度，控制感情。但比较沉默，有惰性，反应迟缓。这类员工对待安全工作稳重认真，临危不乱，但有时会反应迟缓，固执呆板，不易变通。

④ 抑郁质：处事谨慎，工作细致，感情细腻、丰富，但孤僻羞怯，优柔寡断，脆弱多疑，易受挫折。这类员工在安全工作中表现为谨慎细心，沉着镇定，但胆小慎微、犹豫不决、优柔寡断。

2. 性格

性格是指人对现实稳定的态度和习惯化了的行为方式。

性格的特征大致包括心态特征、意志特征和情感特征三个方面。

许多心理学家曾试图对性格进行分类,但由于性格的复杂性,至今还没有一个公认的分类方法,目前常见的性格分类方法有:二分法、四分法、九分法、十六分法等。主要性格包括理智稳健型、沉静内省型、克制忍让型、孤郁敏感型、圆滑谨慎型、紧张内敛型、直觉奔放型、幻想执拗型等。

人的性格没有优劣好坏之分,但是不良的性格特征容易导致事故发生,而优良的性格则是安全生产的保证。根据对大量实例的研究发现,容易出事故者普遍具有如下性格特征:

① 从性格的意志特征方面来看,处理问题轻率、冒失、不沉着,遇到紧急情况易惊慌失措;优柔寡断;胆小怯懦,不勇敢;缺少理智,自我控制能力差;容易气馁,缺乏坚忍不拔的精神。

② 从性格的情绪特征方面来看,感情易冲动,容易兴奋,容易头脑发热;易恼怒,易焦躁;心情易随自然环境的改变而变化;易大喜大悲。

③ 从性格的理智特征方面来看,反应迟钝;理解能力差;独立做出判断的能力差;思维不敏捷;独立分析和解决问题的能力差;工作易安于现状,不思进取。

④ 从性格的态度特征方面来看,缺少正义感;自负;喜欢显示自己;缺少责任感;自我要求不严;心胸狭窄。

容易出事故的人,在性格上往往具有以上某一种或几种特征,这些特征均是导致事故的潜在心理原因。事故致因理论中的"事故频发倾向论"同样认为,有些人不管工作情境如何,也不管他们干什么工作,总是容易引发事故。因此,可通过对事故造成者进行"测量",找出他们的共同个性特征,然后对其个性或工作岗位进行调整。

3. 能力

能力是使人成功地完成某种活动所需的个性心理特征或人格特质。能力是在人的遗传素质的基础上,在实践活动中逐渐形成和发展起来的。

能力的种类很多,根据表现形态不同,可分为认知能力和操作能力两类。认知能力包括计算能力、表达能力、理解能力、记忆能力、概括能力、分析能力、判断能力、推理能力、空间知觉能力、知觉感知能力等。操作能力则包括器械操作、工具制作、身体运动能力等。

任何工作的顺利开展都要求人具有一定的能力。人在能力上的差异不但影响着工作效率,而且也是能否搞好安全生产的重要制约因素。因此,在安全管理中,应根据员工能力的大小、表现的强度合理地分配工作。例如,让一些思维能力很高的人去干一些一成不变的、重复的、在工作中很少需要动脑筋的简单劳动,就会使他们感到单调、乏味;反之,让一些能力较低的人去从事一些力所不及的工作,他们就会感受到无法胜任而过度紧张、精神压力过大,很容易发生事故。因此,工作选择必须与人的能力相适应,这样才能增长他们对工作的兴趣和热情。只有他们深信自己的能力与他们的工作需求相协调时,对职业的兴趣才会强烈而稳固地表现出来。

高危行业的从业人员要从事危险性大且负有重大责任的工作,因此这类岗位不但要求从业人员具备较高的专业技能,而且要具备较强的特殊岗位能力。选择这类岗位的从业人员应该进行能力测试,以确定其是否具备该职业所要求的特殊能力。

二、心理原因

人的心理活动发生在人的头脑内部,不能被直接观察或度量。那么怎样去了解呢?人的心理受动机驱使，动机指向目标，个体要实现目标就必须有行动，而行动就必然有外在行为表现。心理和行为相互依存、相互影响，二者之间的转换关系是遵循一定规律的。下面简要介绍心理现象的几个方面(图 5-1)。

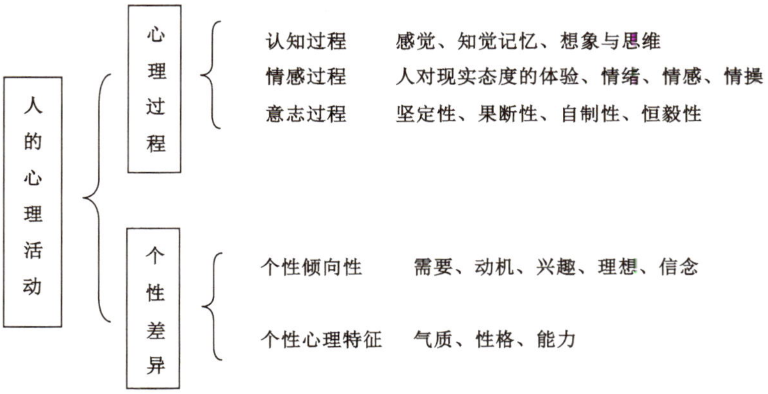

图 5-1　心理现象结构图

1. 心理过程

心理过程是指心理活动发生、发展的过程，也就是人脑对现实的反映过程。整个心理过程又包括认知过程、情感过程和意志过程，这三个过程既互相区别又互相联系。

2. 心理诱因

人的不安全心理是引发不安全行为的根本诱因，包括侥幸心理、麻痹心理、责任感缺失、分神心理、惰性心理、依赖心理、从众心理、逞能心理、厌烦心理、逆反心理、盲从心理、省事心理、冒险心理、压抑心理。

3. 工作压力

工作压力是指在人们在面对压力时对机体自然能力资源的普遍的、有规律的、无意识的调动。当工作压力累积到一定程度，必然会导致过劳，即体力和情感衰竭的症状。它包括消极自我的产生、消极的工作态度、失去对工作对象的关心和感觉等。工作玉力症状见表 5-1。

表 5-1　工作压力症状

生理症状	心理症状	行为症状
血压升高、心率加快	疲劳感	工作积极性降低
内分泌增加	焦虑、急躁、易怒	工作效率降低
身体疲劳	敏感、压抑	遇到困难畏缩不前
身体受伤	退缩和忧郁	冒险行为增多
患心脏疾病	孤独、不合群	与同事关系紧张
出现呼吸问题	注意力不集中	侵犯别人
头痛	缺乏主动性和创造性	没有工作热情
睡眠不好	对工作不满	与家庭关系恶化
死亡	精神疲劳和低智能工作	辞职

工作压力一般来自三个方面:组织和岗位特点、个体、社会。

4. 工作应激

员工的工作应激是指员工工作的需求与其本人的期待不相适应或不相满足,导致产生强烈的情绪低落或工作态度、工作能力的降低。如果长时间累积工作应激,就会导致员工形成彻底的岗位不适应性或工作厌倦等严重的心理障碍,进而影响安全(图 5-2)。

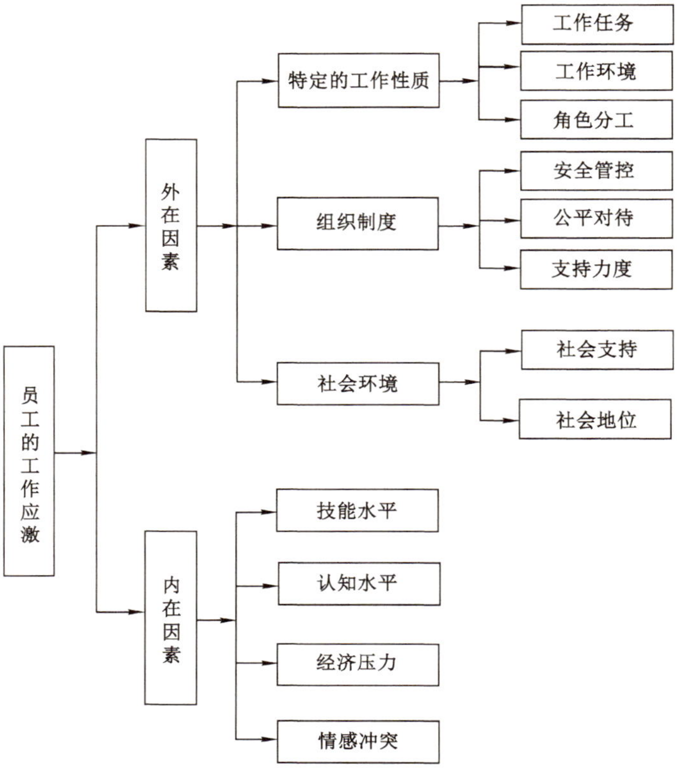

图 5-2 员工的工作应激源

5. 工作倦怠

有些学者认为,工作倦怠就是"在以人为服务对象的职业领域中,个体的一种情感耗竭、人格解体和个人成就感降低的症状"。工作倦怠是一种在个体还没有明确意识到的情况下日积月累形成的,产生的根源主要是工作中的意愿和工作现实严重不对称。初期的工作倦怠最终导致形成一条衍化发生的较稳定的不安全心理要素链,潜意识里决定了员工的行为选择,大脑中枢神经系统从兴奋转为抑制状态、注意力不集中,引发麻痹心理、临时心理、逆反心理等不安全心理,不安全行为发生的可能性加大。

6. 群体心理

群体心理指的是处在群体中的个体与群体中大多数人一起思考、感觉、行动并自觉保持一致,或者是某种行为模式在这个人群之中发生传播和传染。群体的状态和群体的行为,都可以影响其中劳动者的情感、想法以及个性的形成与发展。群体行为对安全生产具有巨大影响，可能是积极的也可能是消极的。群体心理具有认同意识、归属感、整体意识、排外意识四个特征。

7. 人因失误

人的信息处理过程是一个极其复杂的感知→选择→判断→决策→操作过程，其中任何环节出现差错均能导致人为失误，其形式多样且原因复杂。人为失误的根本原因在于内因与外因：内因包括人的生理、心理因素及相关的个性心理特征；外因主要指外界环境因素的影响。人的生理及心理上的某些“弱点”是人为失误的根源。

人为失误有时也呈现出突发性和无序性，受到以下因素影响时，人为失误率较高，如疲劳、酗酒、睡眠初醒、单调作业、疾病、饮食异常、药物作用、不安全情绪、心理挫折、不安全情景气氛因素等。

8. 工作现场环境

生产作业现场的环境可以引起员工心理状况的改变。照明、颜色（色彩）、噪声、温度、湿度、气压、通风量等因素都与生产过程密切相关，不仅会对操作人员的心理状态和职业健康造成一定影响，还往往会成为一些安全事故的重要诱因，造成一定的危险。

三、组织行为原因

1. 体制原因

生产管理岗位与安全管理岗位的分设，导致生产管理者不注重安全问题，安全管理者不注重生产问题。组织结构与外部环境变化的不适应性导致管理层级多，管理人员多，职责交叉重叠，管理效能低下。副职设置过多导致职责不清，权利不明，人浮于事。岗位分工过细，导致分工有隙，存在管理盲区。

2. 薪酬结构原因

基层员工是财富的主要创造者，因此基层往往执行计件工资制度。这就使员工形成了“生产才能赚钱”的观念，滋生了“一切阻碍生产的都是阻碍赚钱”的思想，当生产和安全矛盾时，现场员工的选择必然会倾向于生产，这也正是“三违”现象屡禁不止的原因。

3. 安全生产责任制“悬空”的原因

现有安全生产责任制更倾向于安全生产职责，并未科学化、系统化、具体化地规定发生事故后，责任人所应承担的具体责任。因此，员工并不清楚自己在安全管理上需要承担哪些责任，或者说并不清楚哪些具体事由自己负责并需由自己承担责任。由于没有划清责任，责任模糊，导致一旦发生事故，相关人员都有责任。按照行为科学理论，对于某件事大家都有责任，等同于大家都没有责任。安全责任共担是一种理念，安全责任共担的过程需要安全责任分担，只有责任分担，责任压力落实到每个人的肩上，才能最终实现安全责任共担。

4. 设计、施工方式原因

机器、设备设计，现场设施的设计与施工应重点解决人的效能、安全、身心健康及人机匹配优化等问题，许多由于操作失误而发生的事故，都是由于机器、设备在设计时，现场设施的设计与施工时没有充分考虑人的因素所致，只注重机械构造、机械美学或施工方便等方面的要求，未考虑人机匹配和二次保护等问题。

5. 管理粗放原因

通常人们认为的管理，就是计划、组织、指导和监督；认为管理工作只是领导的事，员工的主要任务是听从管理者的指挥；员工的积极性是靠金钱来刺激的，对消极怠工者要使用严厉的惩罚手段，也就是采用“胡萝卜加大棒”的政策。事实上，人格尊重、社会认可等因素对提高员工积极性都会起到明显的作用。任何外在的事物要内化为人的思想、道德等意识形态，都必须经过情感这一中介。人的情感决定了人的行为指向和行为强度。

6. 技术标准支撑力度不够原因

美国“9·11”恐怖事件发生后，美国一些科学家针对世贸大厦为什么瞬间倒塌进行了研究，结论是大厦采用的工字钢结构是造成大厦倾倒的重要原因。工程人员经过试验，得到大楼如果采用方钢结构在袭击后就不会垮塌。一个恐怖袭击事件美国人尚且如此，我们能否从中受到启示呢？思路决定出路，但思路形成出路的过程，还需要精心谋划、详细构思、细致安排，缺少这个过程，思路也只能是个思路。只有将那些指示、文件、要求细化落实到具有可操作性的具体规定、办法、流程中，才能真正落实制度。

7. 制度原因

安全规章制度是企业做好安全管理的必要条件。但科学的规章制度必须具备合理性、较强的可操作性等特征，必须能最大限度地调动人的积极性，引导人主动地遵守制度。

8. 文化素质原因

近年来，各种新设备、新工艺及新技术的广泛应用对员工素质的要求越来越高。现代化工业生产所要求的员工行为、安全素养与员工的现实水平之间存在的巨大差距，绝非是通过短期的培训即可消除的。有资料显示，员工素质的高低和自身的安全意识成正比，与事故发生概率成反比；素质越高，安全意识越强，造成事故或受事故伤害的可能性越小。

四、社会(家庭)原因

1. 法律支撑力度不够

员工在法律的框架内自由度过大，不利于员工良好行为的养成。“三违”现象屡禁不止的原因，除心理因素外，更重要的是打击力度不够。在处理事故时只追究了当事人的行政责任，并没有追究当事人的法律责任。因此，应当加强立法，为依法制裁“三违”人员提供法律支撑，为安全生产敲响法律警钟。

2. 事故追究重处理轻规范

事故会否发生和事故后果的严重程度往往具有一定的随机性。现阶段在处理事故时，主要是根据事故后果的严重程度追究责任，并未严格依据事故产生原因进行事故追究。这种事故处理方式只是处理少数人员，对吸取事故教训、避免事故重复发生的作用是非常有限的。事故原因不会全在现场人员身上，一定会存在设计上需要改进、技术上需要改进、装备设施上需要配套和完善、制度上需要完善等等问题。解决这些问题也是安全管理工作，但仅凭企业自身很难把查找与改进这些问题做到完善，还需要得到政府和社会的支持。

3. 生活事件因素

人际关系如何，是融洽、和谐，还是关系紧张，不仅影响一个人的身心健康和生活质量，而且还会直接或间接影响工作效率和生产的安全。重大生活事件甚至会导致人患某些疾病。有人观察了515例精神分裂症患者，发现224例(43.5%)有生活事件刺激。生活事件引起的情绪应激状态，使事故危险成倍增加，可促使事故率大幅上升。

五、人的行为规律

1. 目标性

任何行为都指向一定的目标，如金钱、美女、住房、轿车、职位、名誉等。目标是人们梦寐以求的预期结果，这些结果“拉动”人们付出努力去获得。

2. 动机性

动机是推动、引导、维持个体行为的内部生理、心理因素的总和。人的行为更多的是被行为的结果所拉动，人所努力目的是想得到某些积极的诱因，如人的需要，同时回避某些消极诱因，如痛苦、焦虑、挫折、饥饿等。此外，情绪和态度有时也会成为动机。

3. 强化性

如某一行为达到了预期目标，或获得意想不到的结果，这种行为重复发生的可能性会增大。

4. 遗传性

一个人的行为特征部分决定于父母双亲那里获得的基因状况，也就是遗传基因所致。

5. 环境性

人的行为不仅受出生后家庭状况、教育过程、社会活动等环境的影响，还与出生前的环境有关。有证据证明，母亲怀孕期间的情绪经常处于激动状况，那么生下的孩子情绪就会偏激。

6. 差异性

人与人之间的能力、人格特质、价值观、工作态度、兴趣、信念、动机等方面存在显著的差异。这些差异性主要来源于个体的遗传、所处的成长环境、工作环境、家庭环境、职业等。

7. 本能性

本能性，也叫自私性。虽然一个人在行动时会受到法律和道德的约束，但在本质上只顾追求自己的利益、自己的目标，这是人的本性所决定的，群体或组织的情况亦是如此。

8. 发展性

发展性，也叫成长性。人在成长过程中，随着年龄的增长，每个阶段的表现都是不一样的。

9. 互惠性

人类的一切行为都受到某种能够带来好处的交换活动的支配，人的一切社会活动都可视为一种交换。互惠性具有两个特征：其一是个体应帮助曾帮助过他的人；其二是个体行为不应对帮助他的人有伤害。

10. 理性

人们对行动进行取舍时，会根据认识选择随着获利可能性增大总价值也增大的行为。

课堂讨论

小和尚剃头

有这样一个故事，从前有一个小和尚出家后，开始学剃头。老和尚先让他在冬瓜上练习，小和尚每次练习完剃头后，会将剃刀随手插在冬瓜上。后来在给老和尚剃头时，也将剃刀随手插在了老和尚的头上。

结合上述故事，下面做一些简单的讨论。

1. 小和尚的行为符合哪些行为规律？

2. 小和尚的行为反映出哪些不安全心理诱因？

实训任务

《红楼梦》是我国小说发展史上的艺术高峰，曹雪芹运用艺术表现手法再现了人物精神风貌，给我们留下一个个性格丰满、立体感强的人物，小说中有名有姓的人物就多达480多人，其中能给人以深刻印象的典型人物至少也有几十个，形成了一个庞大的形象体系。贾宝玉、林黛玉、薛宝钗、王熙凤等是千古不朽的典型形象。

根据已掌握的资料，分析《红楼梦》中典型人物的气质类型和性格特征。

思考与练习题

1. 传统的气质类型分为哪几种？
2. 性格主要包括哪些类型？容易出事故者普遍具有哪些性格特征？
3. 引发不安全行为的人的不安全心理诱因都有哪些？

任务二　辨识不安全行为类别

辨识不安全行为类别

人的行为是一个非常复杂的问题。一般人的行为泛指人外观的活动、动作、运动、反应或行动。在许多情况下，人的行为是决定事故发生频率、严重程度和影响范围的直接因素。因此，探索人的行为实质及表现形式，将有利于改变和控制人的行为。

一、不安全行为分类

关于对不安全行为的分类，目前还没有形成统一的标准。我国在企业员工伤亡事故分类标准中，按其导致事故的行为，将其不安全行为划分为13类。国内外大部分学者倾向于根据不安全行为的心理状态，将不安全行为划分为有意不安全行为和无意不安全行为。

1. 根据国标(GB 6441—1986)分类

① 操作错误、忽视安全、忽视警告。
② 造成安全装置失效。
③ 使用不安全设备。
④ 手代替工具操作。
⑤ 物品存放不当。
⑥ 冒险进入危险场所。
⑦ 攀坐不安全位置。
⑧ 在起吊物下作业、停留。
⑨ 在机器运转时对机器加油、修理、检查、调整、焊接、清扫等。
⑩ 有分散注意力行为。
⑪ 在必须使用个人防护用品用具的作业场合中，忽视其使用。
⑫ 不安全装束。
⑬ 对易燃易爆等危险品处理错误。

2. 根据不安全行为的心理状态分类

(1) 有意不安全行为

有意不安全行为是指行为主体知道自己的行为是违反安全法规、规程或安全的其他规定,但由于某种冒险动机的作用,使他们有意识地进行可能带来危险的操作或指挥。这类不安全行为的性质应属于冒险行为范畴。

冒险行为包括冒险的组织管理行为(包括违法违章决策和生产现场违章指挥)和冒险作业行为,而冒险作业行为主要是由冒险组织管理行为所致。这种管理行为的主要表现形式是重生产、轻安全,并由此产生一系列错误甚至是恶劣的管理制度缺陷。导致冒险行为的基本心理因素由冒险意向、以侥幸心理为主的不良心理状态、冒险倾向与经历和冒险行为动机构成,而其核心是风险评估与接受。冒险行为的基本决策过程是先有冒险意向(冒险意识的指向),而冒险意向则是由管理缺陷及其导致的以侥幸心理为主的心理状态和冒险倾向性所引起,后经风险的评估与接受,形成冒险作业动机,最后做出具体的冒险行为(违章指挥或违章作业)。当冒险行为多次得到利益的强化后,又会反过来形成逆向影响过程,对冒险动机产生强化作用,同时又促使侥幸心理的形成和冒险倾向性的加强。

很显然,任何一种冒险行为都是有风险的,一般而言,如果评估为风险太大或马上就有现实致命风险,出于本能的反应,人是不会做出冒险行为的。然而,由于总是存在信息认知与评估能力的限制,这个环节常存在错误认知问题。而在特殊的极端情绪状态下,再加上特殊的性格倾向,可能不经明显评估过程,直接产生冒险动机和实施冒险行为。

另外,在实际生产作业过程中,我们常会问到这样的问题:既然知道危险,为什么还要干?对安全强调了多少次,也处罚了不少人,为什么违章行为仍会发生?心理学理论告诉我们,当人们面临许多选择的时候,人们最终所采取的行动是受各种动机中的主导动机驱使的,采取行动回避风险的“避险”动机往往与“趋利”动机(如多挣钱、怕失业、省时、省力等)相互斗争最后产生优势动机。当趋利动机成为主导动机时,尽管认识到危险的存在,也知道如何避免危险,但在时间紧迫感的状态下,操作者仍然会“心存侥幸”而不采取避险行动。

时间紧迫感是产生冒险行为的一种心理状态。这种心理状态是人们在有限的时间内感到难以完成预定或期望的工作量时产生的。在时间紧迫感的状态下,会促使冒险行为的产生。特别是在临下班或交接班之前,由于交接班前的一轮工作还没干完,不算工作量,所以会出现紧迫焦急的心理状态,这时很容易出现冒险凑合的行为。

重体力劳动状态下也容易使作业人员产生一种特殊的心理现象,叫省能心理。工人在疲劳或情绪消极等心理状态下很容易产生企图省劲、减少麻烦的心理。特别是在过度疲劳状态的情况下,由于身体有强烈的休息倾向,克服困难的意志力明显减退,这样会大大增强减少体力消耗的动机,以至于产生忽视安全,采取“走捷径”的不安全行为。

主观上,人的行为由人的需求决定。人为了满足某种需求,可能采取最省力和最简洁的途径,从心理上就反映为侥幸心理或急功近利的思想,急于求成心理,从众心理、随波逐流,目空一切、我行我素,高估自己能力的行为。

客观上,对安全管理流于形式、不重视和规章制度不健全、不完善导致人们的行为随意性、非理性。管理不到位、环境不符合安全的要求,员工不安心工作,导致不安全行为的发生。

(2) 无意不安全行为

无意不安全行为是指作业者对自己行为的不安全性质或危险性没有清醒的意识，是个人未能随意控制其行为性质的情况下做出的行为。由于这类不安全行为是非故意性的，所以有时人们将其称为“意外差错”或“无意性失误”。按照心理学原理，这类不安全行为应归为认知和反应错误。

其影响因素分为人的个性因素和外在因素两种因素。人的个性因素包括人的心理变化、生理变化、技能变化。心理变化主要体现在：注意力不集中、个性的独立性、情绪波动无常、过度应激等；生理变化主要体现在：体质弱、疲劳、睡眠不足、视觉不清、感知觉失误、判断失误、人的动作迟缓无规律、体貌失常、遗忘等；技能变化主要体现在：不按常规的规范进行操作、缺乏知识和经验等。外在因素包括管理不到位、教育缺失、环境恶化、社会复杂性等。这些因素都会导致人的不安全行为的发生。

根据人的行为原理，可知人为失误主要表现在人感知环境信息方面的差错，信息刺激人脑、人脑处理信息并做出决策的差错，行为差错等方面。

二、不安全行为的主要表现

不安全行为表现为不安全操作行为、不安全状态行为和不安全管理行为。

1. 不安全操作行为的表现形式

① 危险作业或高速操作。

② 未经许可就运行操作。

③ 错误地运行设备。

④ 无视安全、忽视警告操作。

⑤ 人为使安全装置失效。

⑥ 向同事发出错误的警告或进行错误的防护。

⑦ 不适当地使用个人防护设备。

⑧ 不正确地装载、放置设备或物体。

⑨ 采取不正确的作业姿势和选择不适当的工作位置。

⑩ 不正确地进行运输、提升等。

⑪ 在有危险的、处于运行中的设备装置上工作或行走。

⑫ 修理或调整正在转动的设备。

⑬ 不能做出正确的反应。

⑭ 忽略安全措施。

⑮ 使用有缺陷的设备。

⑯ 工作时大闹、嬉戏。

⑰ 受酒精或其他药物的影响。

⑱ 违反安全规章制度。

⑲ 冒险进入危险场所。

⑳ 该使用个人防护装置的不用。

㉑ 不正确地操作设备和装置、过压操作、带电操作。

2. 不安全状态行为的表现形式

① 没有充分的支撑或防护。

② 不良的工具、设备或物资。

③ 工作场所过于狭小或条件恶劣。

④ 没有良好的预警系统和警示标志。

⑤ 存在有危险的环境条件。

⑥ 噪声过大。

⑦ 照明不好。

⑧ 通风不良。

⑨ 运输条件不好。

⑩ 高温环境。

⑪ 不适当的能量隔离状态。

3. 不安全管理行为的表现形式

① 无明确的安全目标，挪用安全费用，不认真实施事故防范措施，对安全隐患整改不力。

② 劳动组织不合理。

③ 没有使用必要的数据记录。

④ 安全责任、权利不清。

⑤ 没有安全作业规程或作业规程不完备。

⑥ 对现场指导和监督不力。

⑦ 检查走过场。

⑧ 指挥不力或指挥失误。

⑨ 没有必要的通风设施。

⑩ 劳力选择或使用不当。

⑪ 不注重员工的安全教育与培训。

⑫ 制度设计不合理、存在缺陷。

⑬ 未制定灾变时的急救避灾措施。

⑭ 计划不当。

课堂讨论

如在理想状态下，看清一个信号需 0.3 s，听清一个声音约需 1 s，若工作环境由于其他因素干扰，这个时间还要长一些。若信息呈现时间太短、速度太快，或信息不为操作者所熟悉，均可能造成认知的滞后效应。

根据上述信息，进行简单讨论。这类情况可能引发人的哪类失误？这类失误的表现形式是什么？

实训任务

一埋头伏案设计的工程师忽然想起要测一下变电站电机的相应尺寸，于是没换工作服就穿着长袖衫到低矮的变电间屈身蹲下去实测，头上有高压线，正当测量时，右手衣袖脱卷，他下意识地举起右手企图用左手卷上右衣袖，结果右手指尖触及电线而触电死亡。

这个事故案例给我们哪些启发？导致该起事故的原因是什么？产生这种行为差错的原因是什么？还有哪些原因同样可以导致行为差错？

思考与练习题

1. 按导致事故的行为，可以将不安全行为划分为哪几类？
2. 根据不安全行为的心理状态分可分为哪两类？
3. 根据人的行为原理，可知人为失误主要表现在哪几方面？

任务三　分析生理心理因素对安全的影响

分析生理心理因素对安全的影响

在许多情况下，人的行为是受心理活动支配的，而人的心理活动又受动机“驱动”。在生产劳动中，人的心理活动和生理活动是相互联系、相互影响的统一体。劳动者在操作活动中，个体内在的心理系统和生理系统在一定的背景条件下是相互联系、相互影响的，生理因素可以影响心理因素，而心理因素也可以影响人的生理因素。人要生存必须得要劳动，而劳动中人的操作行为必然要和外部环境相接触，包括自然物理环境和社会组织环境。如工作空间的大小、机器设备的布局、机器设计和操作工具的合理性，噪声强度与色彩、有害气体或粉尘、温度和湿度等以及劳动者的社会地位，上级领导的风格、气质、作风，管理制度，奖励制度，人际关系等。所有这些外部环境都可以影响劳动者个体的心理、生理系统状态，从而最终对劳动者个体的操作行为和作业行为的可靠性产生影响。

一、感知觉对安全的影响

人对事物个别属性，如视觉、听觉、嗅觉、味觉、触觉的知觉称为感觉，人对客观事物的各种属性、各个部分及其相互关系的整体反映称为知觉。感觉与知觉统称为感知觉。

人的知识的获得，对外界事物的了解，都是通过感知觉得到的。人们通过多种不同感觉器官等获得包括自身机体状态在内的各种信息。反映外部属性的感觉有视觉、听觉、嗅觉、味觉和触觉（皮肤感觉）；接受机体内部刺激，反映躯体位置和运动平衡及内脏不同状态的感觉，有运动感觉（其感受器是肌肉、肌腱和关节）、平衡感觉（其感受器分布在内耳前庭器官中）、内脏感觉等。在生产作业过程中，有很多因素会影响员工的感受性和感觉阈限，其中主要有以下几个因素：

1. 感觉阈限的影响因素

① 生理因素。遗传和疾病会改变自己的感觉机能，造成员工感觉阈限的差异。

② 情绪因素。重大生活事件导致员工情绪波动异常，会影响其感觉阈限。

③ 工作环境。岗位环境刺激单调、缺乏变化，容易使员工产生感觉阈限提高。

④ 疲劳。长时间操作会引起神经系统、肌肉等生理功能下降，使员工感觉阈限提高。

⑤ 压力。压力是员工对某一没有足够能力应对的重要情境的情绪与生理反应。压力一般来自生活和工作两个方面。

2. 反应时间因素

人从接受信息到做出回答所需的时间为反应时间，即从感觉器官接受信息到发生反应的各信息加工阶段所耗费的时间的总和。通过反复练习，减少选择数目，提高刺激信号的清晰性和可辨性，可以缩短反应时间，同时个体身心状态，如动机、气质、灵活性等也影响人的反应时间。

人从接受信息到做出回答的时间是因人而异的。有的时间快些、有的慢些，并且同年龄、性别都有关系。人的信息加工模型如图5-3所示。年龄越大、反应能力越慢。据日本对驾驶员反应时间的一项研究表明，反应快的驾驶员平均反映时间为0.57 s，反应慢的驾驶员平均反应时间为0.89 s，两者相差0.32 s，如果汽车以120 km/h的车速行驶，0.32 s汽车将行进10.6 m。在不少情况下，交通事故往往就出在几米的刹车范围内。

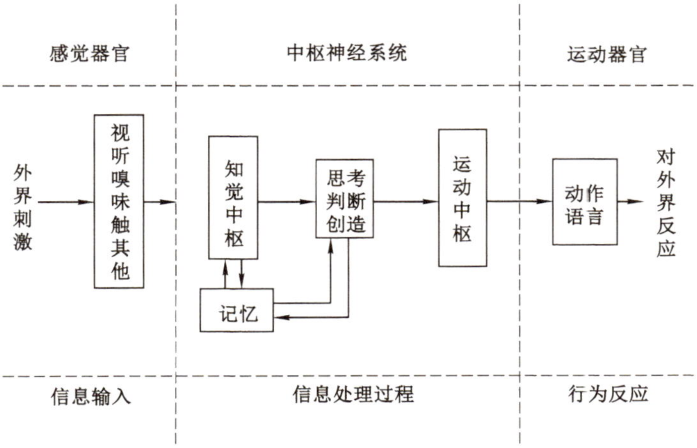

图5-3　人的信息加工模型

二、记忆和思维定式对安全生产的影响

记忆是过去的经验在人脑中的反映，是反应机能的一个基本方面。思维是人脑对客观事物的本质属性和内在规律的反映，是人类揭示事物的内在本质属性和规律性的心理活动。

1. 记忆对安全生产的影响

记忆是一个复杂的心理过程，包括识记、保持、回忆、认知四个基本环节。四个环节互相联系、不可分割。识记和保持是回忆和认知的前提和基础；回忆和认知是识记和保持的结果，并能够加强识记和保持。

人的记忆随个体不同差异很大，受年龄影响也很大。人的记忆保持见表5-2。

表5-2　人的记忆保持时间表

记忆保持率	3小时后	3天后
说话（只让对方听）	70%	10%
动作（只让对方看）	72%	20%
边动作边说（视听并用）	85%	65%

在生产过程中，对操作规程和安全注意事项的遗忘是常见的，由此引发的事故也较多，因此要特别注意遗忘对安全的影响，永久性的遗忘是由于教育和培训不足造成的，而暂时的遗忘则是由临时性的干扰因素所引起。

2. 思维定式对安全生产的影响

人在客观需要的推动下，以已有知识经验为基础，综合运用种种思维形式，经过信息的匹配、组合，得出解决问题的方案，这个思维活动的模式就是思维方式。而思维定式是指在过去经验的影响下，心理处于一种准备状态，从而对于观察问题、解决问题带有一定的倾向性、专注性和趋向性。思维定式有时有助于解决问题，有时则会影响人的思维的变通性，从而妨碍对问题的解决，比如经验主义、麻痹思想多与此有关。

三、注意对安全生产的影响

注意是心理活动对一定对象有选择的集中，因为人在同一时间内不可能感知摆在面前的所有对象，只能感知环境中少数的对象。

1. 注意的分类

注意可分为无意注意与有意注意两大类。

① 无意注意，也叫不随意注意。它是在人没有任何意图和意志努力的情况下产生的注意。产生无意注意的现象主要取决于我们看到事物的强度和重复性。一条信息越强烈，我们就越有可能注意到它。

② 有意注意，也叫随意注意。它是一种自觉的，有预定目的的，且经过意志努力而产生和保持的注意。

2. 注意心理机能与安全的关系

人的注意心理机能对保障安全生产极为重要。没有注意，我们的感觉和知觉就会模糊不清，甚至无法对生产环境的信息产生印象，因此也就不会做出有效的反应或完成正确的操作。而注意力不集中的人的判断就容易失误，一切行动就会失去协调和准确性。注意力不集中就容易形成粗心大意的情况，而粗心大意最易引发事故。

保持良好的注意品质对保证安全有着极为重要的意义。注意不能集中于正在从事的工作，是事故发生的一个很重要的直接原因，造成这种现象的原因，很大程度来自情绪和睡眠。保证充足的睡眠和稳定的情绪对实现安全生产至关重要。此外，在工作中学会自我调节紧张情绪也非常重要。

四、情绪对安全生产的影响

人们在认识世界和改造世界的活动中，不但认识了客观事物，还表现出不同的好恶态度，对这些事物的态度和体验就是情绪。人对事物的认识不同，情绪也就各异。反过来，情绪又对人的认识活动起着重要的调节和推动作用。也就是说，情绪会左右人的认知和行为，具体表现在如下几个方面。

1. 情绪状态

根据情绪发生的强度与延续时间的长短，可以把情绪分为三种不同的状态。

（1）心境

心境是种比较微弱、平静而持久的情绪状态，会在一段长时间内影响一个人的言行和情绪。心境有积极和消极之分，对员工的工作有着重要的影响。引起心境变化的原因很多。个人生活上的重大事件、工作的顺逆、人事关系、健康状况、环境条件等，都可能成为引起心境变化的原因。对心境好坏具有决定性影响的因素，是人的世界观和理想。

（2）激情

激情是一种时间短促、猛烈而爆发的情绪状态。激情通常是由个人生活中的重大事件或社会中具有重大意义的事情所引起的，强烈对立的心理冲突或过度的压抑与兴奋也可能会引起激情。激情也有积极和消极之分。

(3) 热情

热情是一种强有力的、稳定而深刻的情绪状态。它虽不如心境广泛，但比心境强烈而深沉，它虽不如激情强烈，但较激情醇厚而持久。饱满的工作热情，是任何一个员工都应具备的可贵的劳动情绪。

2. 情绪因素

(1) 挫折情绪

心理学将挫折定义为一个人在实现有目的的活动过程中受到阻碍，使其需要得不到满足，引起内心剧烈冲突时的情绪状态。挫折是工作中一种比较常见的情绪。挫折会使人的心理活动发生一系列变化，如解决不好受挫后会出现防范性行为、攻击行为、退化反应、固执行为、中性行为、冷漠行为、幻想反应等。

挫折感的产生以及产生后员工持续的情绪反应都会对企业安全生产产生很不利的影响，比如绩效降低、有意破坏、工作表现不佳、出现迟到缺勤等现象、人才流失等。

(2) 紧张情绪

具体来讲，工作中的以下情况将造成员工的紧张情绪，比如工作量过大、工作难度大、工作情况的变化、业绩评价、不明确性任务等。不同类型的员工对紧张状态的敏感程度不同，过度的紧张情绪会为员工和组织带来负面影响：

① 从行为反应来看，处于紧张状态的员工容易出事故，容易暴饮暴食、大量抽烟、酗酒、使用药物(镇静剂，乃至毒品)以及寻求临时的发泄。

② 从认知上来看，处于紧张状态的员工在工作中很难专注，丧失正确决策的能力。

③ 从生理反应上来看，处于紧张状态的员工容易患高血压及前述各种适应不良造成的疾病。

④ 在组织水平上，处于紧张状态的员工常常表现出迟到、缺勤、不协作、孤独、对工作投入低、对组织忠诚度低等状态。上述过度紧张的后果，最终要影响整个组织的绩效和安全生产水平。

(3) 厌烦情绪

厌烦是由单调的工作情境所引起的身心松弛并对工作发生厌倦情绪的现象。一般来讲，工作中使员工产生厌烦情绪的原因有以下几点：工作过于简单重复、过于容易的工作、工作操作性低。人在厌烦情绪状态中，易产生心理疲劳现象，从而降低对危险的警觉、警惕心理，降低对作业环境的观察和判断，易导致事故的发生。

(4) 焦虑情绪

焦虑泛指一种模糊的、不愉快的情绪状态，是由“灾难性思维”的消极自我对话引发的。焦虑是一种痛苦的情绪体验，使人心神不定、坐立不安、极易产生烦躁情绪及冒险行为，同时还伴有心跳加速、出汗、尿频、失眠、头痛、消化系统和神经系统紊乱等生理反应。焦虑不仅影响身心健康，也使人无法正常工作和学习。如果焦虑长期得不到解决，有可能引发焦虑症。工作中引起焦虑的原因包括工作得不到重视、形式主义泛滥等。

3. 情绪由心理促生

任何心理、感觉、感情的激动或骚动都会引起情绪的波动，那么，决定情绪发生和变化的因素到底有哪些呢?

① 决定情绪发生的关键因素是认知评价。

② 决定情绪的主要因素是事物与人的需要之间的关系。

③ 决定情绪的另一重要因素是事物与人的预期的关系。

4. 情绪对人心理、生理的影响

① 情绪影响人的心理动机。

② 情绪影响人的智力活动。

③ 情绪影响人际信息交流。

④ 情绪影响人的健康。

五、群体行为对安全生产的影响

有别于个体行为，群体行为有着自己鲜明的特征。这主要表现在从众、顺从、暗示、模仿与感染等典型的群体行为上。

1. 从众行为对安全生产的影响

个体受群体压力的影响，在知觉判断、信仰和行为表现出来的与群体大多数成员相一致的现象，称为从众行为。顺从行为和从众行为也十分相似，所不同的是，在于行为者的内心是否出于自愿。在群体压力的作用下，放弃自己原先的想法去附和大家的意见，这是从众行为；而在群体压力的作用下，依然保留自己的看法，但是为了符合群体的期望而改变了自己的行为，这是顺从行为。从众行为的产生主要来自群体规范。面对群体压力时，群体成员都有一种跟随群体的倾向、跟随群体规范的倾向。

2. 暗示、模仿和感染行为对安全生产的影响

暗示是一种心理影响，它通过使用语言、手势、表情等，把某种概念或结论输入一个人的大脑，使之不加考虑地接受某种意见或做某件事情。法国著名心理疗法医师里·库埃曾经说："如果你的愿望与想象之间发生冲突，那么后者将会占据主导。"暗示，可以用来训练和控制自我，也可以约束与命令他人。积极性暗示可以给你带来财富和运气，而消极性暗示对于你的思维，却有不同程度的妨碍或者伤害，从而给生活和工作带来无穷的痛苦。

模仿是有意无意地对某种刺激做出类似反应的行为方式，如模仿他人的行为举止、思维方式、态度等。模仿分为自发模仿和自觉模仿两种类型。自发模仿，就是无意识地模仿他人。自觉模仿，则是有意识地模仿他人。模仿对象具有一种榜样的作用。管理者的行为很容易成为员工模仿的对象。所以，管理者在生产过程中一定要成为遵守安全标准、安全制度的典范，否则，你的行为将成为反面典范，必将严重影响员工安全行为的养成。

感染是通过某种方式引起他人相同的情绪和行动，或者说是个体对某种心理状态的无意识的、不自主的屈服。感染实质上是情绪的传递交流。一个人的情绪会引起他人相对应的情绪的发生，而他人的情绪又会反过来加剧了此人原有的情绪，反复振荡，激起强烈的情绪爆发。在安全上，不良情绪的感染会直接导致事故的发生。

3. 行为强化对安全生产的影响

未来的行为会受到过去行为后果的影响。如果我们喜欢上次所做的事情所引起的结果，我们就很有可能再做这样的事；反之，上次做的事情没有出现我们想要的结果，甚至出现的是不好的结果，那么我们就不可能再做同样的事。换句话说，如果一个人干了什么事而随后的结果在某种意义上是属于奖励性质的，是属于省时、省力性质的，这个人就有可能重复这种行为，如果后果是惩罚性的，这个人可能就不会重复同样的行为，当然这种行为的后果

不会“获利”，如果这种行为能带来好处的话，并且也不一定从事这种行为时就出现惩罚的后果，即使出现惩罚的后果，而惩罚的后果远远小于其收益时，那么这种行为也可能继续发生。

六、生理节律对安全的影响

生物节律又称生物钟现象，它是一种普遍存在于一切生物体内的自然规律。

科学研究表明，生物节律是一种客观存在的自然现象，它与事故发生有着密切的关系。应用生物节律理论可以提示人们，在某一时间人的体力、情绪和智力所处的状态是高潮期、低潮期或临界期，这样就可以利用生物节律理论来更有效地指导安全生产，提醒操作者的注意，合理安排工作。例如俄罗斯莫斯科市、瑞士苏黎世市和德国汉诺威市交通部门，为所有的司机绘制了生物节律曲线表，当司机处于低潮期，就发给红色行车证，提醒他们加倍小心；当司机处于体力或情绪临界期，就尽量不让他出车。莫斯科市公交公司某车场运用生物节律来安排轮休，减少了 42.9％的事故。

课堂讨论

人从接受信息到做出回答的时间是因人而异的。有的时间快些、有的慢些，并且同年龄、性别都有关系。据日本对驾驶员反应时间的一项研究表明，反应快的驾驶员平均反映时间为 0.57 s，反应慢的驾驶员平均反应时间为 0.89 s，两者相差 0.32 s。我们可不能低估这 0.32 s，如果汽车以 120 km/h 车速行驶，在 0.32 s 内汽车将行进 10.6 m，在不少情况下，交通事故往往就出在几米的刹车范围内。

根据上述材料，讨论一下为什么反应时间会因人而异，采取什么办法可以提高反应能力？

实训任务

美国心理学家谢里夫做了一个实验，实验在暗室内进行。一个被试者坐在暗室里，面前的一段距离内出现一个光点，光点出现几分钟后熄灭。然后让被试者判断光点移动多远。实际上，光点并没有动，但在暗室中看光点每个人都会觉得光点在移动。这样的实验进行几次，每个被试者都建立了个人的反应模式。有的人觉得光点向右上方移动，有的人觉得向左下方移动，有的人认为是向下移动等。每个人的反应模式都各不相同。随后，让这些被试者一起在暗室内看出现的光点，大家可以互相讨论，说出自己的判断。实验反复进行，过一段时间之后，大家对光点移动方向的判断逐渐趋于一致。群体的规范代替了个人的反应模式。实验继续进行，出现了一个有趣的现象。当把这些被试者重新分开单独做判断时，每个人并没有恢复他原先建立的个人反应模式，也没有形成新的反应模式，而是一致保持群体形成的规范。

结合行为安全相关知识，分析这一实验表明了哪些行为安全问题？

思考与练习题

1. 感知觉对安全的影响因素有哪些？
2. 情绪对人心理、生理有哪些影响？
3. 群体行为对安全生产有哪些影响？

任务四　不安全行为识别

不安全行为识别

现实中，员工的不安全行为多种多样，看似繁茂芜杂，但并非无规律而言，无法则可循的。海因里希安全法则告诉我们，隐患的产生是由人们的不安全行为导致的。生产实践中人们已经对隐患都有了清楚的认识，这为我们进一步针对不安全行为进行识别研究奠定了坚实的基础。

一、不安全行为的识别

各类事故的发生，都是由于该生产过程相关的各要素（人、物、作业环境和管理）在一定条件下不相匹配而相互冲突的结果。这些不安全因素都是行为不规范的产物。

企业安全生产活动一般可分为两部分：一是重复性的安全生产活动，这一部分的行为规范可以形成统一的标准，即国家标准、行业标准和企业标准（含规章制度）；二是随机性的生产活动，这一部分活动的行为规范无法形成统一的标准，而需通过制定针对性的措施达到规范行为的目的。因此，“标准”与“措施”实际上就是企业安全生产行为现范的代名词。如果员工拒不执行这些事先订立的“标准”或“措施”，那就是违章。如果在执行过程中由于执行者的水平问题而出现差错，或这些“标准”或“措施”本身也存在某些不够完善甚至错误的地方，那就是失误。从实践看，任何一个“标准”或“措施”都存在一定的时效性和局限性，有一个随着生产的发展而不断修订完善的过程。

由此看来，违章与失误的共性都是它们偏离了事物发展所应遵循的正确轨道（即客观规律）。而两者的区别在于，违章的偏离有明确的对象（即事先订立的“标准”或“措施”），因而带有明显的故意性和习惯性，是思想认识和工作态度的问题；而失误的偏离则是一种不自觉的行为，即当事者的所作所为并没有明确的依据，而是凭直觉办事，带有较大的盲目性和随机性，是知识水平和工作能力的问题。

人类在长期与自然作斗争的过程中，对事故发生的规律已有十分深入的认识，总结提炼了一整套预防控制事故的方法和措施，形成了较为完善的预防控制事故的制度体系。员工在作业中凡是出现违反这些规章、制度、标准和措施的行为都属于不安全行为。如违反操作规程、作业规程、作业标准和安全技术措施的行为都属于不安全行为。

对于员工因失误因素产生的不安全行为，可以分为两大类：一类是操作性失误，另一类是管理性失误。操作性失误是指作业人员在操作中出现的违背科学技术原理、违背事物发展运动规律，但因组织还未对此进行规范，因而还不构成违章的行为；管理性失误是指管理者在管理活动中出现的方法、措施不恰当现象。对于操作性失误的识别，一般应用现场行为观察法可以实现。即组织有关人员对员工各种操作行为进行现场观察，识别出员工一些操作行为的不安全性，进而进行规范。同时严格禁止还未被规范的行为动作，确保操作行为都具有标准规范。对于管理性失误，一般采取隐患倒查法予以识别，具体做法是：对于安全检查出的隐患，要追查这个隐患是怎么产生的，为什么会产生，为什么直到今天才被发现，为什么没有被发现，从而找出管理中存在的漏洞、缺陷和管理中存在的不安全行为，为规范安全的管理行为奠定基础。管理失误的危害要比操作失误的危害大得多，一个管理失误可以引发多个甚至一系列的操作失误的发生。所以，对于组织中存在的不安全行为（违章指挥、管理失误）要引起各级组织的高度注意，必须下大力气予以解决。

二、安全心理素质的识别

测量安全心理素质的方法很多，主要采取调查法、观察法、心理问卷法和心理测试仪器测量实验法等。

1. 调查法

主要从两个方面进行，一是调查个体的抗挫折能力，二是调查个体的情绪自控能力。安全心理学研究表明，这两个能力的高低是衡量个体安全心理素质的重要标志。

2. 观察法

通过观察员工在作业中的行为，推断员工的安全心理素质倾向。

3. 心理问卷法

问卷法是心理学中常见的一种方法，即对拟测量的个性特征编制若干测题，使被测者逐项回答，从其答案中衡量某项个体特征。多采用的是卡特尔的16种人格因素及其特征，见表5-3。

表5-3　卡特尔的16种人格因素及其特征

人格因素	低分数特征	高分数特征
因素A：和群性	缄默、孤独、冷漠	外向、热情、和群
因素B：聪慧性	思想迟钝、抽象思考能力弱	聪明、富有才识、善于抽象思维
因素C：稳定性	情绪激动、易生烦恼	情绪稳定而成熟，能面对现实
因素E：恃强性	谦逊、顺从、通融、恭顺	好强、固执、独立、积极
因素F：兴奋性	严肃、审慎、冷静、寡言	轻松兴奋、随遇而安
因素G：有恒性	苟且敷衍、缺乏奉公守法精神	有恒负责、做事尽职
因素H：敢为性	畏怯退缩、缺乏自信	冒险行为、少有顾虑
因素I：敏感情	理智、看重现实、量力而行	敏感、感情用事
因素L：怀疑性	信赖随和、易与人相处	不疑、刚愎自月、固执己见
因素M：幻想性	现实、合乎成规、力求妥善合理	幻想的、狂放不羁
因素N：世故性	坦白、直率、天真	世故，精明能干
因素O：忧虑性	安详沉着、有自信心	烦恼自忧，沮丧悲观
因素Q1：实验性	保守、尊重传统观念和行为标准	自由、批评激进、不拘泥于现实
因素Q2：独立性	依赖、随群和附和	自立自强，当机立断
因素Q3：控制性	矛盾冲突，不能克制自己	知己知彼，自律严谨
因素Q4：紧张性	闲散宁静，心平气和	紧张困扰，激动挣扎

有研究表明，易出事故人员具有明显的高敏感性、高幻想性、高紧张性、高敢为性和低稳定性、低有恒性、低自律性的特点。

黑龙江能源职业学院行为安全课题组，经多年调查研究，得到容易发生事故人员的心理行为具有普遍性的结论，并据此设计出了具有事故倾向性人员心理行为测试量表。该项研究表明，易出事故人员具有以下特征：

① 逞能，争强好胜，愿炫耀、自负心理太重。

② 冒险、易冲动、做事草率、性格急躁。

③ 情绪稳定性差、心理脆弱、抗压能力差、恐慌、易厌烦、易焦虑。

④ 逆反、对抗、固执、好奇、消极、安全服从意识缺乏。

⑤ 身心疲惫、反应迟钝、意志力差、注意力分散。

⑥ 风险感知能力差、无知、麻痹、盲从。

⑦ 懒惰、投机取巧、侥幸、敷衍、求快。

⑧ 孤独。

具有这些心理因素的员工，对自己的工作敷衍、马虎、缺乏尽职尽责精神、忽视安全规章制度，有的图省事、怕麻烦，往往认为工作中这样那样的措施太烦琐，"省"去自以为与生产无直接关联的规章制度，从而从思想上放松了警惕，导致工作中出现违章，久而久之就难免出现人身伤害、各类事故等问题。有的员工急功近利，为了多抢产量、走捷径，而无视规章制度；存在碰运气、"傻大胆"等侥幸心理的员工，盲目自信，认为违反规章制度并不一定都会导致事故发生，在工作中易于投机取巧、冒险作业；存在无知心理的员工，大多安全素质低下，安全知识缺乏，操作技巧不高，对工作中的安全问题模糊不清，不能认识自身的违章行为，导致愚蠢荒唐之事；存在依赖心理的员工，缺乏主见，辨识能力差，一旦他人违章操作，自身不但不能阻止，反而稀里糊涂跟着干；存在敷衍心理的员工，责任心不强，嫌累怕脏，抱有混日子的态度，事事敷衍；存在麻痹心理的员工，习惯用以往的工作方式对待新情况，易于导致事故发生；存在逞能心理的员工，争强好胜，表现欲强，往往抛弃客观条件，过于高估自己，甚至失去理智，经常表现出"明知山有虎，偏向虎山行"的架势，明知违章，存在危险，偏要去做，结果事故连连；存在压力心理的员工，易于心理疲劳，反应迟钝，甚至失控；存在逆反心理的员工，毫无组织纪律，为所欲为，甚至会铤而走险，导致事故的发生。

此外，情绪不稳定，可能造成感情冲动、烦恼，在工作中容易分心、走神、注意力不集中，最终导致发生事故。对于情绪稳定性的测量，可以通过心理测量量表得到 。

4. 心理测试仪器测量实验法

近年来心理仪器的开发和应用越来越受得到人们的广泛重视，现已成为安全心理素质识别和训练的重要手段。

① 闪光融合频率计测量个体生理疲劳。

② 注意力集中能力测定仪测量个体注意能力。

③ 反应时测定仪测量个体对视、听信息的反应能力。

④ 注意分配实验仪测量个体注意分配能力。

⑤ 警戒仪测量个体警觉性。

⑥ 深度知觉仪测量个体感知物体位置距离。

⑦ 划消仪测量个体知觉速度。

⑧ 记忆仪测量个体记忆能力。

⑨ 数字皮温计测量个体心理放松与紧张程度。

另外，还有动作稳定训练仪，听觉实验仪，时间知觉、速度、空间知觉测试仪，测谎仪，压力测试仪，生物系统反馈训练仪等。这些心理测试仪器的应用，可以更准确地反映出人在安全生产活动中的心理、生理状态及活动规律，为做好更深层次的安全管理打下基础。

课堂讨论

某矿 6442 采煤工作面，底板有水，经常发生工作面刮板输送机被滞住，发生不启车事故，因而经常出现因硬性启车而烧坏刮板输送机电机的现象。2001 年 12 月 12 日零点班，因溜子滞住，晃车时将电机烧坏了。八点班已换了一台新电机，为防止将电机再次烧坏，班长下令让机组司机将机组开到溜子头处，让一名工人拿一根单体，一头顶到溜子耙处，另一头顶到机组头上，命机组司机晃车让单体吃上劲，同时命溜子司机开车，试图借助机组的动力帮溜子开车。因机组司机晃车时开的过猛，工人没把牢单体，造成单体飞起，飞起的单体打在工人头部，致其当场死亡。

显然，这种做法不是第一次，因《煤矿安全规程》还没有对此进行规范，也无法判定其违章，但确实存在危险。讨论一下，这种行为是否属于不安全行为，说明原因。

实训任务

人眼对达到一定闪烁频率的固定亮点会发生闪光融合现象（即看成一固定不闪的点），这一频率称为闪光融合频率。实验证明，不同状态的人，闪光融合频率的差异较大，一个人的大脑意识清醒水平越高，他的闪光融合频率也越高，而当人们发生疲劳时，其闪光融合频率会明显降低。请使用闪光融合频率仪测量同学的疲劳状态。

思考与练习题

1. 测量安全心理素质的方法有哪些？
2. 调查法主要通过哪些方面进行的调查？
3. 容易发生事故的人员具有哪些心理特征？
4. 通过仪器可以对哪些安全心理指标进行测量？

任务五　不安全行为控制

不安全行为控制

员工是个体安全行为的主体，安全管理实践表明，员工个体的安全行为不规范是导致安全生产事故的直接原因。所以强化对员工个体不安全心理行为的管控，提高员工从心理上控制自己行为的能力，做到个体行为安全，就能从本质上实现企业的安全生产。

一、提高安全意识

意识是人的大脑对外部事物的超前反映。安全文化中的安全意识，一般认为是人们头脑中建立起来的生产必须安全的观念，也就是“人们在生产活动中对各种各样有可能对自己或他人造成伤害的外部环境条件的一种戒备和警觉的心理状态”。

安全意识的高低取决于人们的安全心理、安全业务素质两个方面。

1. 提高安全心理素质

安全心理素质是个体在心理学的理论基础上对安全如何对待的一种心理现象。心理现象是认知、情绪、意志的心理活动的表现形式，可分为心理过程、心理状态和心理特征三种类型。这些个体心理差异体现在安全上，就表现出不同的心理行为。

（1）有意不安全行为的控制

① 强化政府及社会舆论对企业安全生产情况的监督。从顶端控制企业以“重生产轻安全”为主因的管理缺陷，消除产生冒险、违章行为的主因。一旦发现企业生产计划超出企业安全生产能力，发现生产作业环境存在不安全因素，发现企业管理人员不顾安全而盲目抢产量、抢进度的现象，应坚决给予企业停产整顿，并将主要管理者逐出管理层。

② 对于一些高危行业要实行非产量激励的工资制度。可借鉴安全先进国家的经验，实行计时工资或预算工资制，使其员工因冒险作业、违章作业不会带来经济利益的增加，从源头上消除违章冒险动机。

③ 改善作业环境，减轻员工的劳动强度。如能不行走的尽量不走路，能不动手的尽量不动手，能用仪器代替手工操作的尽量用设备仪器，用人监控的环境尽量采用先进的仪器设备进行监控。

④ 进行安全心理训练。提高员工的注意力、抗压能力、平衡控制能力、感知觉能力。

⑤ 加大对冒险违章行为的惩罚力度。对冒险违章行为惩罚，使之产生逆强化效应，避免违章冒险行为的重复发生。

（2）无意不安全行为的控制

对于无意不安全行为的控制，应从管理行为、作业环境和个人因素等方面进行，具体如下：

① 对于重要的岗位和易出错的作业任务，实行双岗制和专业监护制。

② 对于复杂环境如噪声、烟雾等不利于感知信号的地方，应采用避开干扰的警告方式，如在噪声大的地方采用光信号、在光照较强的地方采用声信号等。

③ 进行应急演练，提高员工应对突发事故的能力。

④ 进行安全心理训练，提高员工的生理、心理的各种能力。

⑤ 提高仪器设备的性能，使仪器设备的操作更加人性化，更便于人的操作，增加人机匹配系统的可靠性，减少因人的失误而引发的事故。

2. 提高安全培训业务素质

不安全行为的重要根源之一是操作者安全知识不足、安全技能不够以及缺乏经验所致。由于人对外界信息的判断是在过去掌握的知识和经验的基础上进行的，所以缺乏知识和经验，就容易造成判断失误和错误行为。

安全培训是提高业务素质最好、最直接的办法，安全培训的关键在于效果，采取问题导入式、游戏体验式、判断纠错式、心理调适式等新型安全培训方式势在必行。

① 问题导入式：就是教师向学员出课题，给学员一定的准备时间，由学员以授课的方式予以解答，全体学员包括教师进行讲评。这样的培训方式可以充分调动学员的思维能力，提高学员解决问题能力、参与能力、记忆能力。

② 游戏体验式：就是通过拓展训练，使员工从游戏中感悟到游戏给予员工的启示，使员工在这个启示中受到教育，从而增强员工的自我识别能力和理性思维能力。

③ 判断纠错式：就是将员工的不安全操作行为制作成小电影，由学员看后指出其中的错误以及引发事故的原因，利用人们的好奇心和视觉效应达到教学的目的。

④ 心理调适式：就是通过安全心理学知识的教育，让员工了解生产中一些不安全行为产生的原因和预防方法，通过心理、生理训练，员工能够调控自己的心理状态，避免因情绪、

压力因素造成员工工作中“走神儿”。实践证明，心理调适是做好安全工作的重要手段，也是思想政治工作落到基层的重要途径，因为思想政治工作的对象是人，而人是有感情的，每个人都处于不同的生活环境，有不同的生活经历和遭遇，有不同的性格、情趣和爱好，而心理调适就是重视人的特殊性，强调关心人、尊重人、理解人，强调用疏导方法，有利于将思想政治工作做到员工心里去，将更加有利于安全生产。

二、控制自己的情绪

情绪的稳定是安全生产第一心理要素。消极低落的情绪是安全生产的大敌，工作中保持积极乐观的情绪非常重要。

如何保持积极乐观的情绪，一要做到知足常乐，对工作生活中遇到的不满意的事情有一个正确的认识态度；二是要对人生得失有正确认识，就个体来讲还是存在得失问题，只不过要辩证地看待得与失，塞翁失马的故事就说明了这个道理；三要做到看得开、放得下，不可过于执着；四是掌握情绪的发泄方法。

三、安全心理训练

通过采用一定的方法和手段对员工的心理施加影响，促进员工形成良好的心理素质，使员工的注意力集中、情绪稳定、反应适度、动作稳定，识别风险能力提高，感知能力增强，便可以实现预防和减少事故发生的可能。

1. 安全心理训练方法

目前，安全心理训练方法较多，训练主要依据心理学原理，通过采取各种措施，使员工克服各种极易导致事故发生的心理素质问题，达到预防事故的目的。主要训练方法有感知觉测评训练、注意力测评训练、疲劳测评训练、动作能力测评训练、学习能力测评训练、压力与情绪管控。

2. 安全行为疗法

安全行为疗法是根据行为科学的原理开发出来的治疗方法，包括多种技术，主要有放松训练、系统脱敏、生物反馈疗法、素质拓展训练等。

四、适度释放压力

压力是个体对某一没有足够能力应对的重要情境的情绪与生理反应。对某一情境有的人感到压力很大，有的人则感到小事一桩，这体现了压力的产生存在很大的个体差异。导致压力反应的情境、刺激、活动等叫压力源。压力源能否导致个体压力反应，能够引起多大强度的压力，关键看个体各方面的情况，主要取决于个体的性格和知觉控制水平。一般来讲，刚强人格和自我控制能力高的个体，对压力的反应较小。

面对压力的时候，一是进行心理咨询和心理治疗，身心健康减压仪就是很好的治疗手段；二是用压力转移法减轻压力；三是保持积极乐观的态度；四是处理好工作与生活的关系，即不要成为工作狂，也不要成天沉溺于吃喝玩乐、卿卿我我之中，工作时认认真真、踏踏实实，休闲时轻轻松松、快快乐乐；五是加强体育锻炼。

排解压力需要科学的方法，最常见的方法就是找人诉苦，这确实能减轻压力，但不是所有的压力通过诉苦就能排解好，祥林嫂就是失败的例子。心理学上调适压力的方法包括：

（1）调整呼吸

人在压力面前会有一系列的生理反应，如心跳加速、面红耳赤、声音沙哑、呼吸急促。心脏、声音、面部血管、呼吸，这其中呼吸最容易控制。放松身体，做几个深呼吸，慢慢地把气体吐出，心情自然会平静许多，心跳也不会那么剧烈了，压力立即会得到舒缓。

(2) 肌肉运动

用意识控制肌肉，收紧四肢肌肉，然后再放松身躯。如此反复，身体紧张了，精神反而轻松了。同样道理，进行一段时间的剧烈运动、洗冷水浴，都是让身体肌肉运动在大脑中产生快乐物质"内啡肽"的办法。

(3) 缓慢运动

工作紧张、压力大的人，总感觉到自己像上满发条的时钟，走个不停。倘真如此，你可在某一阶段，强迫自己打乱这种节奏，抽时间散散步、听听音乐、翻一翻杂志闲书，压力就会不经意间遁于无形。

(4) 气功静坐

你会发现，从剧烈运动到缓慢运动再到静止不动，都是锻炼。问题是你一定要主动地去锻炼，如果你不想运动，也可以找一个安静的地方独处。独处也有技巧，宽衣解带，调整好姿势，怎么舒服怎么坐，排除一切杂念，把你的意识集中到丹田部位，安安静静坐上半个小时，你也会觉得神清气爽。

五、形成安全伙伴

心理学的研究成果表明，人在陌生的环境或感到害怕恐惧时，总是下意识地寻找伙伴，如果有伙伴在场，害怕感恐惧感就会减弱，伙伴能带来安全感。对于从事高危行业作业人员来说，伙伴不仅能起到壮胆、镇静、增强工作信心的作用，更重要的是起到警告、提醒、纠正失误行为的作用，而这种警告、提醒、纠偏的行为不仅对同伴的安全是种关怀，也是对自己安全的一种保护。

六、改变不良作业习惯

习惯是习以为常、惯性反射下的意识行为，习惯直接影响到一个人的安全。习惯可以是不知不觉中形成的，也可以是有意去养成的。坏习惯可以经过努力而改掉，好习惯也同样可以经过努力而养成。

七、保持良好心态

人的行为靠思想来指挥，即所谓定位关乎成败、心态决定一切。心态的好坏直接影响到员工的日常工作行为，因而工作时的心理状态对于安全生产有着十分重要的作用，员工心态良好，不仅能保证员工的人身安全，还能保证设备检修、维护、试验等工作的质量，保证工作环境的质量，相应的安全生产也就有了保障。如果员工心态不好，敬业爱岗精神及事业心差，工作责任心不强，就容易形成员工的安全意识淡薄，干工作时所做的安全措施不周全和不完善，事故概率就会增加，安全生产就不可能得到保证。

课堂讨论

科学家做过一个有趣的实验：他们把跳蚤放在桌子上，一拍桌子，跳蚤迅即跳起，跳起高度均在其身高的100倍以上，堪称世界上跳得最高的动物！然后在跳蚤头上罩一个玻璃罩，再让它跳，这一次跳蚤碰到了玻璃罩。连续多次后，跳蚤改变了起跳高度以适应环境，每次跳跃总保持在罩顶以下高度。接下来逐渐改变玻璃罩的高度，跳蚤都在碰壁后被动改变自己的高度。最后，当玻璃罩接近桌面时，跳蚤已无法再跳了。科学家于是把玻璃罩打开，再拍桌子，跳蚤仍然不会跳，变成“爬蚤”了。

在印度和泰国旅游的时候，经常会看到一根小小的铁链就可以把一头千斤重的大象拴住，其实这个铁链非常细，千斤重的大象只要一抬腿就可以轻松挣脱，但大象为什么会被拴住呢？

根据上述材料，讨论以下问题：

1. 跳蚤变成“爬蚤”，是否是因为其丧失了跳跃的能力，还是其他原因？
2. 大象为什么会被拴住呢？
3. 结合行为安全所学知识，谈谈这两个故事给了我们什么启迪？

实训任务

意识不到危险是最大的危险。

迄今为止，死亡人数最多的海上事故当属泰坦尼克号的沉没。这艘当时世界上最大的豪华客轮被称为“永不沉没的梦幻客轮”。实际上，正是基于“永不沉没”这种认识，才是使它沉没的罪魁祸首。

结合行为安全所学知识，分析泰坦尼克号沉没的原因。

思考与练习题

1. 安全意识的高低取决于哪两方面的素质？
2. 故意性不安全行为如何控制？
3. 非故意性不安全行为如何控制？
4. 如何保持乐观的情绪？

任务六 能力实践——安全心理训练

目前，安全心理训练方法较多，训练主要依据心理学原理，通过采取各种措施，使员工克服各种极易导致各种事故发生的心理素质问题，达到预防事故的目的。主要训练方法有：

1. 感知觉测评训练

① 反应时测评训练：反应时测定仪可进行选择反应时、辨别反应时、简单反应时的测定工作。

② 深度知觉测评训练：深度知觉仪测量人视觉、深度知觉的准确性，了解双眼视差在深度知觉中所起的作用。

2. 注意力测评训练

① 注意力集中能力测评训练：采用注意力集中能力测定仪，通过用测试棒追踪光斑，测定在不同跟踪对象下的注意力集中能力。

② 注意力分配能力测评训练：注意分配测试仪比较单位时间内声、光分别单独呈现与同时呈现的反应次数，测试注意分配值，即同时进行两项工作的能力。

③ 注意力品质综合测评训练：一是采用复合器警戒仪。复合器主要是演示在感知同时呈现的视、听刺激时的注意优先现象，进行对不同种类刺激物的复合实验。警戒仪测

定人持续性注意的心理学特征，可以广泛应用于监视、检测、搜索等任务形式的职业能力测定与练习，如空中交通管理、工业质量控制、中央调度控制、长途驾驶、军事监视等。二是采用划消仪测试注意集中或警戒程度，计算工作效率。划消测验常用来了解和比较被试者的知觉速度、辨认的准确性、注意力、警戒性等，也是某些职业能力选才时常用的测试方法。

3. 疲劳测评训练

闪光融合频率计可以测量闪光融合临界频率，确定辨别闪光能力的水平，即视觉时间的视敏度。还可以检验闪光的色调、强度、亮黑比以及背景光的强度发生变化时对闪光融合临界频率的影响。视敏度是眼睛的一种基本功能，可作为视觉疲劳及精神疲劳的一种指标。

4. 动作能力测评训练

① 稳定性测评训练：采用动作稳定器，通过测试针在九洞、曲线、楔形槽的插拔或移动，测试并训练手臂稳定能力。

② 手眼协调性测评训练：镜画仪在平面镜的视野范围内，用描绘笔在图形中移动，记录时间与失败次数，测试并训练动作技巧能力。

5. 学习能力测评训练

① 思维测评训练：记录进出迷宫时间及进入盲巷的次数，从而评价并训练空间位置感知能力及学习记忆能力。

② 记忆测评训练：检测并训练记忆及学习能力。

6. 压力与情绪管控

① 情绪稳定性测评：数字皮温计用于测定人体各部位的皮肤温度，检查人体心理的放松与紧张程度，测定人的情绪波动及性格特征。

② 智能式身心反馈训练：智能式身心反馈训练仪具备自主训练模式和被动放松两种训练模式。一方面，以精密生物反馈传感器为媒介，检测来访者的 HRV、脉搏、SCL 等生理数据和心理指标，智能分析评估来访者心理状态，同时用于实时监测训练干预过程中身心状态变化；另一方面，可采用最先进的 HRV＋SCL 复合型生物反馈训练方法（游戏模式），改善自主神经协调状态，提升身心自主平衡能力、个人心理素质、自主调适压力能力。

③ 脑电神经反馈训练：脑电神经反馈训练系统对注意力、放松度测评及训练提供多个注意力训练方案，进行音乐放松训练。支持音乐媒体管理，音乐文件的导入，播放列表，特有的脑波反馈控制功能，提供多款健脑游戏。

④ 身心减压调养舱：应用身心相干模型检测心理指标，全面、精确评估心理状态。干预方法多达九大类，除生物反馈、全息脑波、体感音乐外，负离子疗法、红外热疗、足部气压式按摩等是采用先进干预疗法最多的产品，充分满足心理调适个性化的要求。

任务七　能力实践——安全行为诊疗

安全行为疗法是根据行为科学的原理开发出来的治疗方法，包括多种技术，主要有：

1. 放松训练

肌肉放松技术是由雅克布森于 20 世纪 30 年代提出的，对于应对紧张、焦虑等情绪的调节十分有用。训练时，应逐一放松身体的每一部分肌肉，顺序是：手臂→头→躯干→腿，步骤是：集中注意→肌肉紧张→保持紧张→解除紧张→肌肉松弛。例如，手臂放松的指示语是：伸出你的右手，使劲儿握，就好像要握碎什么东西一样，注意手臂紧张的感觉（集中注意和肌肉紧张）……坚持一下（保持紧张）……好，放松……现在感到手臂很放松了……（解除紧张和肌肉松弛）。

2. 系统脱敏

系统脱敏技术由沃尔普和拉扎勒斯创立，主要步骤有：

① 建立恐怖（或焦虑）等级层次：根据治疗者感到恐怖或焦虑的主观程度列出等级层次，一般从 0 到 100。

② 现实脱敏：从最低层次的恐怖或焦虑开始，让治疗者实际体验引起恐怖或焦虑的情况，反复几次直到正常。每次体验后可用肌肉放松技术摆脱恐怖或焦虑的情绪。

③ 想象脱敏：从引起最低水平的恐怖或焦虑刺激开始，让治疗者想象，待治疗者报告自己已进入恐怖或焦虑状态后，让治疗者进行肌肉放松训练。反复数次直至治疗者报告说自己对某一情境不再感到恐怖或焦虑。

3. 生物反馈疗法

生物反馈疗法是利用现代生理科学仪器，通过人体或病理信息的自身反馈，使普通条件下人们不能明显意识到如何活动的内脏功能（如血压、心跳、胃蠕动、生物电活动）等借助灵敏的电子仪器进行放大，并显示出来，使治疗者学会在某种程度上自我控制调节这些机能，以达到治疗的目的。

常见的生物反馈的方法有以下几种类型：

① 肌电图反馈。肌肉纤维产生电位，电位的高低可由肌电图显示出来，通过反馈装置示波器或扬声器，让治疗者获悉电位的数值，指导治疗者主动控制电位的强弱，以达到治疗目的。

② 脑电反馈。主要采用双额导联，以 α 波作为反馈信息。

③ 皮肤电反应。以测量皮肤导电情况作为观察自主神经系统活动的标志。紧张情况下，交感神经兴奋，皮肤汗腺分泌增加，导电性增加，可增加电的传导；相反，松弛则可降低自主神经活动，改变皮肤电反应。

④ 心电反馈。用心率和血压作为生物反馈信息，即用心电图记录心率，要求装上灯或扬声器，让治疗者知道其变化或波动，治疗者紧张则心率增加、松弛则心率减慢，借此结合病情加以训练。

4. 素质拓展系统

采用心理拓展训练的形式，以哲学、心理学、社会学为重要理论基础，以个体发展和团队融合为追求，利用自然环境和有创意的模拟情境为平台，以经验、思维与身体活动结合为切入点，以体验学习圈为操作程序，达到唤醒情感、激发潜能、改善心智、磨炼意志、融入团队、完善人格为目的的综合性活动。

在不影响拓展训练活动模式完整性的要求下，不断加入纠正不良心理状态的活动。此外，合理地设置不同难易程度的活动，在成功中得到高峰体验，在失败中锻炼受挫力；针对员工的特点，注重诚信教育，不断鼓励员工具有包容心和爱心，使员工在获得帮助后懂得用感恩的心去与人相处，也使员工认为在拓展训练课上有不小收获。在设计教学细节时增加关于动手能力、身心的控制能力、受挫力、承担责任的能力、诚信力、包容心与爱心的学习目标。

所有活动项目按对员工的学习目的和锻炼价值分成七部分，这七个部分分别是：高空项目、中空项目、低空项目、地面项目、心智项目、理论项目、户外项目。

拓展训练课的高空项目主要包括高空断桥、空中单杠、垂直天体、高空荡桥、团队攀岩、沿绳下降等。中空项目主要包括高台演讲、翻越障碍、信任背摔、鳄鱼潭等。低空项目主要包括求生电网、荆棘取水、孤岛求生、泰山绳等。地面项目主要包括雷阵图、交通堵塞、盲人方阵、挑战150、竹竿舞、有轨电车等。心智项目主要包括沟通造桥、红黑博弈、背对背等。户外项目主要包括自然取火、取水、扎营、结绳等。理论项目主要包括破冰课、沟通课程、求职技巧等。有些项目属于交叉项目，比如“求生墙”既可以归为高空也可以归为中空，在计算时将其一分为二列入两个项目中。

项目六 组织行为控制

任务一 企业行为控制

企业行为控制

安全是企业管理好坏的试金石，管理已上升为企业生产与安全的决定性因素，特别是当前我国的生产安全科技水平还存在巨大提升空间的情况下，加强企业的管理就具有更重要的意义。

一、理顺组织结构

组织结构是管理人员用来达到组织目标的一种手段。由于组织目标是由组织的总体战略决定的，因此，组织战略与组织的结构关系很密切。具体地说，组织结构应该服从组织战略。如果组织战略发生了重大变化，组织结构也应做相应的调整，以支持组织战略的变化。

1. 安全管理和生产管理不应分设

安全赋存于生产过程之中，有生产才会有安全问题，抛开生产谈安全只能是不切实际的空谈。生产中的决策大都涉及安全问题，特别如煤矿、建筑等高危行业。意识来源于认识，认识来源于体制，所以在体制上解决安全与生产的“两层皮”问题，使生产管理和安全管理统一，才能实现（落实）“管生产必须管安全”的要求。

2. 实行班组自主管理

班组是企业最小的核算单位，企业的任何管理都要落到班组。班组长既是生产的组织者，又是安全管理的直接责任者。实行班组自主管理，就能充分发挥班组长在这个团队中的作用，形成团队意识，形成进取精神。而班组长的素质、能力是搞好班组自主管理的关键。

3. 减少管理层级

管理层级也就是管理的幅度问题。管理幅度越窄，管理层级就越多。管理层级越多，管理成本就越大，组织的垂直沟通就越复杂，传递的信息走样可能性就越大，扭曲信息的可能性也会增大。更为严重的是，管理层级越多，职责就越易交叉重叠。而职责交叉重叠的后果就是推诿扯皮现象增多，上级越级干涉下属职权范围内事务的现象增多，造成的直接后果就是管理效率低下，极易出现安全问题。

4. 减少副职

过多的设置副职，必然会造成一件事多人管或是相关事分开管以及难管事无人管的现象。企业的生产系统是一个复杂的系统工程，各工序、各环节之间的关联度很大，从组织角度硬性地将系统中的某个工序、某个环节分开来由岗位不同的人员来管，势必会增大管理的难度，如果分工过于简单化，没有分清在具体事上的具体责任，将会增大管理的漏洞，而这个漏洞反映在安全上就是隐患。一件事管的人越多，安全隐患越大。分工越细，越容易导致分工有隙。

二、改变薪酬结构

我们现行的薪酬结构是按生产型设计的，考虑的是岗位、等级、绩效和资历，计件工资更是如此。一旦生产和安全发生矛盾时，现场员工的心理肯定偏向生产，这也正是“三违”现象屡禁不止的由来。要想改变员工的安全意识必须改变组织的薪酬结构，在薪酬结构中增加安全薪酬或安全技能薪酬，对于容易出事故的岗位不应采取单纯的计件工资分配形式，使工人意识到安全工资是靠自身和组织的安全挣来的，只有保证在工作中做到不伤害自己、不伤害他人、不被他人伤害才能挣到安全工资，那么员工的安全意识肯定会向积极的方面发展。

三、提高领导艺术

所谓领导艺术，就是领导运用多种手段和办法影响一个群体实现目标的能力，而权力是促使他们达到目标的手段。具体包括：① 要善于沟通；② 要善于倾听；③ 要果断决策；④ 要给员工以期望；⑤ 要给员工以目标；⑥ 要让员工参与决策；⑦ 要会尊重人；⑧ 要充分授权；⑨ 要增强员工的归属感；⑩ 要充分评价员工；⑪ 批评要适度；⑫ 要能驾驭情绪；⑬ 要创造鲶鱼效应，激发队伍活力。

四、创造良好的工作环境

良好的工作环境不仅使员工身心愉悦，同时也能约束人的行为。好的工作环境是激发员工工作积极性的最有效途径。工作环境既包括“硬件”也包括“软件”，是“硬件”和“软件”两方面建设的综合。

五、采用先进的生产工艺

先进的生产工艺既是生产力的先决条件，也是安全的重要手段。

1. 先进的生产工艺可以使工艺布置最合理

各种工艺参数处于最佳状态，使生产始终处于稳定，从而避免了由这些因素不正常所触发的恶性事故。

2. 先进的生产工艺可以使全线自动化

计算机控制生产，大幅度减少现场操作人员或实现现场无人操作，从而避免因人为操作失误所造成的事故。

3. 先进的生产工艺可以大幅度减少制品在生产线上的停留时间

制品在生产线上停留的时间越短，可使工房中制品量保持在最低限度，即使万一发生事故，损失也能降到最小。在火工品生产行业，这一条尤其重要。大量爆炸品长时间停留在生产线上，无疑是一个很大的安全隐患。

4. 先进的生产工艺可以提高远距离的监控水平

采用先进的事故预报、报警系统和灵敏可靠的安全装置，可预先发现和排除事故苗头，从而保证安全生产。

5. 先进的生产工艺可以创造更适宜于操作的环境和条件

使操作人员情绪饱满、精力集中，不易出意外差错，从而更有效地保护了自己和他人。

六、科学的人际管理

管理是对组织的有限资源进行有效整合，以实现组织既定目标与责任的动态性、创造性活动。在组织的五大资源(即人力资源、金融资源、物质资源、信息资源、关系资源)中，人力资源是最重要的资源。在一个组织里，如果管理人员不知道怎么样去领导人，不注意在经营活动中调动人的因素以达到预期的目的，则所有的管理职能都将收效甚微。

1. 领导者要敢于直面冲突和矛盾

从传统意义上讲，冲突造成和导致不安、紧张、不和、动荡、混乱乃至破坏了团队的和谐与稳定，造成矛盾和误会。基于这种认识，领导者都将防止和化解冲突作为自己的重要任务之一，并将化解冲突作为寻求维系现有团队稳定和保持团队连续性的有效的、主要的方法之一。事实上，冲突其实是另一种有效的沟通方式，建设性处理冲突有时反而能实现共赢，成为团队高效的润滑剂。

2. 合理处理冲突

① 沟通协调一定要及时。

② 善于询问与倾听，努力地理解别人。

③ 对上级沟通要有“胆”。

④ 平级沟通要有“肺”。

⑤ 良好的回馈机制。

⑥ 在负面情绪中不要协调沟通，尤其是不能够做决定。

⑦ 控制非正式沟通。

⑧ 容忍冲突，强调解决方案。

3. 说服是化解冲突良好的途径。

在被说服的过程中，人们的心理矛盾有以下几种表现形式：

① 猜疑心理：即使人们彼此之间有信任关系，但在感到自己在被对方说服时，也难免疑虑重重。

② 防卫心理：即戒备心理，这是指一种警觉地注意别人的一言一行，尽量推辞言语及行动上的责任的心理状态。

七、明确岗位隐患预控责任

安全生产责任制的核心就是规范责任。责任是个体在履职过程中一旦发生过失或失误所应承担的后果。在生产过程中，人一旦出现过失或失误，会发生隐患或由隐患造成的事故。控制隐患，从源头上治理隐患就不会产生过失或失误。因此，明确岗位隐患预控责任，才是安全生产责任制最重要的内容。实践证明，在企业中建立岗位隐患预控责任机制是可行的。所谓岗位隐患预控责任机制，就是将现已知道的所有安全隐患，按照职责分工落实到每个岗位的安全生产责任制之中，每个岗位的每个人都要对本岗位每个隐患的治理承担预控责任，在此基础上再配套相应的追究、考核、监督、处罚等制度及办法，这就是岗位隐患预控责任机制。

八、强化安全教育和培训

安全教育和培训是人们获取安全知识、提高安全感知力的最重要的手段。但目前普遍存在着的重理论轻实践、重书本轻现场、重传授轻启发式的培训，特别是靠死记硬背式的培训，就考而学式的培训，以及现实中缺少安全培训效果的评估方法，使得安全培训并没有达到预想的目的。如何提高安全教育和培训的效果是急迫需要解决的问题，但至少应做到以下几点：

① 安全教育培训要切合实际、灵活多样。

② 安全教育培训应因地制宜，按需进行。

③ 要注重案例的教育培训。

④ 安全教育培训应该从应试教育变为素质教育。

⑤ 注重员工安全心理问题的教育培训。

九、正确的绩效评估

绩效评估不仅是考核、激励，而且更重要的是导向。通过绩效评估可以影响人的行为。

在企业中，保证绩效评估标准的正确性常用的标准是：个体完成任务的结果、行为和特质。

① 个体完成任务的结果。如果重要的是结果，而不是手段，那么管理人员应该评估员工的任务结果。采用任务结果标准，通过诸如产量、废品和单位产品成本来评估一个企业的管理人员。类似的，通过所辖区域的销售量、销售额增长和新建客户数量来评估销售人员。

② 行为。在很多情况下，界定能直接归结于员工活动的具体结果是有难度的。对处于助手工作岗位和工作安排本质属于群体成员组成部分的人们，尤其如此。在后一种情形下，群体成果可能更易评估，但难于界定或不能清楚界定群体中每位成员的成果。在此类例子中，管理人员需要经常评估员工行为。

③ 特质。评估标准中最弱的，至今仍在组织内广泛使用的是个体特质。我们认为个体特质比任务结果或行为标准薄弱，是因为特质最偏离工作本身的实际绩效。特质中如具有良好的态度，展示自信，是可靠的或合作的看起来繁忙或拥有丰富经验，这些或许可能或许不可能与工作结果高度相关，然而在实际工作中，特质经常被组织用作评估员工绩效水平的标准。

十、隐患查改实行流程控制

通过对隐患整改处理统计程序的规范、完善，可以最大限度地控制责任人的行为，促进隐患的整改落实，进而达到消除隐患、减少事故的目的。

① 隐患的认定、分类、分级。

② 隐患的发现与识别。

③ 隐患的收集、整理、筛选、分类。

④ 隐患信息的传递送达。

⑤ 隐患罚款公示。

⑥ 隐患的追究。

⑦ 隐患整改反馈。

⑧ 隐患的复查。

⑨ 落实隐患查改责任。

⑩ 强化安全信息的使用功能。

十一、强化班组建设

在企业中广泛开展员工自主安全活动，建立自主安全班组，对于强化基础安全管理、建设本质型安全员工是有利的，也是在现有装备技术条件下解决安全生产问题的正确途径。

① 建立兼职安全监察员制度。推行这一制度至少有四点好处：一是员工的自主安全能力必将增强；二是员工的自我安全意识必将增强；三是员工的安全责任意识必将得到强化；

四是能够实现安全与生产的和谐统一。

② 建立班组轻、重伤事故分析追查制度。

③ 建立班后自我安全评价制度。

④ 建立班长安全例会制度。

⑤ 建立安全工作小组制度。

⑥ 建立班组交接班安全评估制度。

⑦ 建立班组作业规程确认制度。

⑧ 建立班长抓安全制度。

⑨ 建立鼓励员工提合理化建议制度。

⑩ 建立优秀安全工作小组评比奖励制度。

课堂讨论

所谓鲶鱼效应，说的是挪威人喜欢吃沙丁鱼，尤其是活鱼，但沙丁鱼在运输途中总是因为缺氧窒息死亡，成活率很低。后来有一位渔民在装满沙丁鱼的船舱中放进一条鲶鱼，鲶鱼在到了一个陌生的环境后，就会“性情急躁”，四处乱游，这对于大量好静的沙丁鱼来说，无疑起到了刺激搅拌作用；而沙丁鱼发现多了这样一个“异己分子”，自然也很紧张，便左冲右突、四处逃窜、加速游动，这样，沙丁鱼缺氧的问题就迎刃而解了，保证了鲜活率。

结合所学的行为安全知识，讨论一下鲶鱼效应给我们的启发。

实训任务

我国保留的几条 TNT 生产线，几十年来在生产工艺上没有多大改进。在生产过程中经常发生高温、冒烟、着火等不正常现象。在 1987 年和 1991 年接连发生了两起恶性爆炸事故，两条生产线化为乌有，造成几百人伤亡和几千万元的财产损失。在恢复该生产线时，国家给予了高度重视和大力支持，采用了先进的工艺控制技术，并拨专款研究解决 TNT 生产工艺上的安全问题。经过专家和技术人员几年的努力研究、试验、改进，取得了明显的效果，使我国 TNT 生产工艺有了长足的进步，更为 TNT 的安全生产做出了巨大的贡献。自 1991 年事故以来，每年生产十万余吨，没有发生一起爆炸，也没有一起死亡。NG 生产与之相比，更敏感，更易爆炸。以前的规律是每隔四、五年就发生一次。鉴于这种情况，也是从工艺安全着手，加大投入，努力研究新工艺、新技术，使 NG 的生产工艺不断进步，提高了本质安全程度，自 1989 年以来未发生过爆炸和死亡事故。

根据上述案例，论述先进的工艺技术对安全生产的有利影响。

思考与练习题

1. 企业行为控制有哪些方法？

2. 可以从哪几方面对组织结构进行理顺？

3. 如何提高领导艺术？

4. 如何合理处理冲突？

5. 如何提高安全教育和培训的效果？

任务二　社会行为控制

社会行为控制

社会实践表明，员工在岗位从事工作，他（她）们的一举一动无不与社会生活紧密联系，社会、家庭中的生活对安全工作影响极大，许多伤亡事故表明，伤亡者背后无不具有社会（家庭）原因。因此，要注重员工“八小时之外”的社会（家庭）因素对员工安全行为的影响。

一、对员工的违章行为应上升到法律层面予以追究

“三违”现象屡禁不止的一个重要的原因就是惩戒力度不够的问题。对“三违”的治理仅靠企业的行政手段是远远不够的，更重要的要依靠国家的法律手段。法律不仅是执法者执法的依据，也是企业管理者规范自己和员工行为的依据。员工的生产操作行为一旦触犯法律，企业管理者就可使用法律手段请求政府司法部门予以仲裁或惩处。企业只有依靠法律从法律层面予以追究，才能更好地约束员工的生产安全行为。

二、事故追究要更加人性化

现行的事故追究注重的是责任，而对于造成事故的深层次原因，如法律制度的缺失，培训教育的机制不完善，科技的支撑力度不够，装备的人机互补性不够，设计及施工方式的缺陷，落后的生产工艺以及人的心理、生理方面等方面的影响因素，没有进行深入分析，查找原因以致事故处理过于浮躁。

事故的发生，涉及人、机、物、管、生产环境等多种因素，深层次还包括企业安全管理的体制、机制、企业领导者的素质、生产组织、劳动者的素质、劳动者的心理生理现象、教育、训练水平和社会科学技术、经济状况与条件等间接原因。因此，安全生产和事故预防仅仅依靠单一管理措施或某种技术是远远不够的，科学的做法必须是综合治理。所谓综合治理，就是全面、系统地分析发生事故的直接原因、间接原因和深层次原因，并根据分析结果，综合制定、采取、运用各种相关技术、管理、人文、教育、法制等手段，从本质上提高系统的整体安全性，最大限度地减少事故和因事故造成的损失。

三、全社会要形成关注安全生产的舆论氛围

安全生产涉及社会各个方面和千家万户，仅靠负责安全生产监督管理职责的部门是不够的，还需要调动社会力量进行监督，并发挥各有关部门的职能作用，齐抓共管、综合治理。要依靠群众、企业员工、工会等社会组织、新闻舆论的大力协助和监督，实行群防群治。要提高全社会的安全意识，才能形成全社会关注安全、关爱生命的社会氛围机制。要将安全生产的视角和触角延伸到社会的各个领域、各个方面和各个角落，以协助政府和有关部门加强监管。

企业不仅是个经济组织，同时也是社会性组织。企业在承担创造利润、为股东负责的同时，还要承担社会责任，要对员工、对社会、对环境负责。企业是安全生产的责任主体，但能否有能力成为主体，还必须需要政府及全社会的关注。社会的关注度越高，越能促进政府对事故信息的公开程度，新闻媒体的透明度就越高，传播信息的真实性就越强，公众的参与度、知情权就越高，就越能引发人们对安全的关注，就越能提高全民的安全意识，扩大公众对企业安全生产的监督范围，这对于促进企业对问题的整改、对安全措施的落实将是极为有利的。

四、全社会要建立企业安全诚信黑名单制度

企业的安全生产问题，实质上是企业的主要领导及最高管理层重视不重视的问题。这个重视不是重视在嘴上，而是看其怎么做。企业安全生产最大的一个问题就是安全生产的投入问题，转变落后的生产方式问题。不改变落后的生产工艺、不淘汰落后的生产装备，不依靠先进的科学技术作支撑，不能全面提高员工的素质，光靠喊口号是喊不来安全的。而企业面对诸多需要花钱的地方，怎么去花往往取决于主要领导者的态度和最高层的行为。所以企业高层人员特别是主要领导者的态度和行为，对促进企业的安全生产十分重要。

在全社会应建立起安全诚信黑名单制度，一旦某一企业安全状况不好，事故频发，那么社会各界都要亮出“红灯”，银行不给贷款，保险公司提高保费额度或拒绝给予保险，政府安全监管进驻企业等措施给予制裁，以促进企业高层管理者提高安全责任的落实。

五、对家庭困难员工建立社会救助制度

以人为本，首先要以人的生命为本，科学发展首先要安全发展，和谐社会首先要关爱生命，关爱生命首先要关注安全。安全不仅是企业也是社会的责任。

重大生活事件对人的情绪影响很大，而重大生活事件中因家庭经济困难所占的比重更大。在经济压力面前，员工的情绪反应将更加持久和强烈，一旦在遇到别的很小的刺激，都可能导致精神崩溃。这对于从事高危行业的员工来说是相当危险的，很容易受本人的情绪和压力的影响而引发事故。所以，在全社会建立经济困难员工社会救助制度，解决某些企业因经营困难所不能解决的问题，这对于避免因人的问题而导致事故的发生将起到重要作用。

六、家庭要成为关爱安全的港湾

家庭是社会的细胞，对企业来说，家庭是企业整体安全水平提升的重要因素。这是因为，表现在员工个体行为上的安全认知能力无不折射出家庭、社会、心理、生理方面的影子，而这其中家庭占有较大的比重。道理很简单，员工除了工作时间外，其余时间大都在家中度过，他(她)们的性格、情绪和身体状况，家庭最了解，而由于血缘的亲情关系，父母、妻子、儿女也最关心家人的健康和安危。所以建立企业家属安全联保制度，企业在发现员工有违章、不良等安全行为时要及时向家属通报，利用家属的亲情力量给员工的不良行为施加压力；家属在发现员工有重大思想波动和员工存在重大精神压力时要立即向企业反馈，以便企业在第一时间掌握员工的思想情绪，采取必要的应对措施。

课堂讨论

在德国曾经发生这样一件事：有一个夜晚，街上没有行人，有个德国人抱着侥幸心理闯了红灯，结果被一个睡不着觉的老太太发现。没隔几天，保险公司的电话就到了：“你的保险费从明天开始增加1%。”“为什么？”“我们刚刚接到交通局的通知，你闯了红灯。我们觉得你这种人很危险，所以保险费要增加1%”。这个人心想，那我就退保，去另一家保险公司投保。但当他的电话打到另一家保险公司时，那家公司也要求他的保险费比别人多1%。原来，全德国的保险公司通过网络都知道他有一次闯红灯的不良记录，所以每一家保险公司都会增加他的保费。没过多久，他的太太也问他：“老公，银行突然通知我们购房的分期付款从15年改成10年，到底发生什么事了？”“实在对不起，因为我前几天闯了红灯。”太太生气地

说:“啊?闯红灯?我们家已经没有钱了,你还出这种事情?你自己想办法吧!”不久,他的宝贝独生子从学校回来:“爸爸,老师叫我把学费用现金送过去,说不能分期付款了。”当儿子得知这一切都是因为爸爸闯红灯造成的时,感到不可思议:“啊,爸爸你闯红灯?难怪同学们都笑我,下礼拜我不想去学校了,真丢脸。”

有人说老太太“多管闲事”,也有人说交通局、保险公司、银行、学校的“不近人情”。对于这个问题,你怎么看?

实训任务

在阿根廷著名的景点卡特德拉尔,有段蜿蜒的山间公路,其中有 3 km 路段弯道多达 12 处。因为弯道密集,因此经常发生交通事故,人们都称这段弯路为“死亡弯道”。这段路从 1994 年通车到 2004 年,共发生了 320 起交通事故,106 人丧生,交通部门为此在该路段入口处竖立了警示牌:“前方多弯道,请减速行驶”,但是没起作用,于是又将警示牌改成触目惊心的警告:“这是世界第一的多事故路段”“这里距死亡最近”,但仍未起作用,就在人们的智慧仿佛走到尽头时,老司机葛麦斯的经验给了当局以启示,葛麦斯驾车 43 载,不仅从未发生过事故,就连一次违章记录都没有,因此在他退休时,交通部门召开表彰会,给他颁发一枚“优秀模范驾驶奖章”,颁奖当天,记者问他:“如何才能做到像你这样平安驾车呢”?葛麦斯回答:“其实开车时,我都由家人陪着啊!不过乘客看不到我的家人,因为他们都在我的心里,记者不解,葛麦斯笑着说,想着你的妻子正等着你吃晚餐,你还要陪孩子上学,年迈的父母正是需要你照顾的时候,你就会小心驾驶。”当局随即将“死亡弯道”牌的内容更换成“家人在家等你吃饭,请不要让他们失望”“安全驾驶,不要让白发苍苍的父母为你伤心”“您的平安就是对家人的爱”……结果这段路的交通事故大幅下降,2001 年仅发生 6 起交通事故,2006 年和 2007 年两年没有发生一起交通事故。

结合所学的行为安全知识,详细分析这则故事给我们的启示。

思考与练习题

1. 社会行为控制可以从哪几个方面入手?
2. 为什么事故追究要更加人性化?
3. 为什么全社会要形成关注安全生产的舆论氛围?

任务三　能力实践——隐患控制

隐患控制

通过对隐患整改处理统计程序的规范、完善,可以最大限度地控制责任人的行为,促进隐患的整改落实,进而达到消除隐患、减少事故的目的。

1. 隐患的认定、分类、分级

事故隐患的认定是确定隐患的标准及依据。事故隐患按《安全生产事故隐患排查治理暂行规定》将其定义为“可导致物的不安全状态、人的不安全行为及管理上的缺陷”,实际上也可将事故隐患理解为“可能导致事故的临界状态”。事故隐患分为固有隐患、渐生隐患和随机隐患。所谓固有隐患,是指系统投入运行时就存在的隐患,主要是由于技术原因或人为设计失误及工艺流程、操作程序的缺陷而形成的隐患；所谓渐生隐患，是指实现系统功能时出现的隐患，主要是指运行的系统由于年久失修，使用、维护、保养不当，使系统元件原有性能下降而出现的隐患；所谓随机隐患，同样也是指系统运行期间出现的突发性、难以预测的隐患，主要是指外界环境变化或人为动作失误、缺陷形成的隐患。

因行业不同、生产技术与装备及生产条件与环境的不同，隐患的种类也不尽相同，但无论是哪个行业、哪个企业在长期的生产实践活动中，对各种隐患都有充分的认识，并且都有各自的事故隐患认定和分类标准，而且随着管理层面的不同、分级的不同，对隐患的认定也不同。

隐患的类别要和分级挂钩，根据隐患的类别确定不同的管理层级和督改层级。因为隐患的认定与分类和责任追究与处罚是紧密相连的，是追究责任和行政处罚的主要依据。因此隐患的认定与分类必须要体现科学性、合理性和公平公正的原则，并且要充分征求各个方面的意见，否则就容易挫伤企业治理隐患的积极性，甚至会导致负面效应。另外，随着生产工艺的改进和新技术的应用，以及装备的更新改造，又会出现一些新的安全隐患，因而要不断地对隐患进行重新认定，以确保对隐患采取的治理措施到位。

2. 隐患的发现与识别

隐患的识别是对隐患进行分类分层级处理的前提。隐患的发现与识别，大体体现在两个大的层面上：一个是企业内部，一个是政府有关部门。隐患的发现是隐患整改闭合机制的首要环节，只有发现隐患才能消除隐患，而能否发现隐患，除与检查人员素质高低有关外，还与责任心的大小密不可分，而且在很大程度上取决于责任心大小。

有了责任心，素质不高的会逐渐提高；反之没有责任心，素质在高也是枉然。因此，强化各级各类人员的安全责任意识是发现隐患的关键。而明确各级各类人员在安全管理及安全监督检查上应负的责任是做好安全检查工作的前提，没有责任的检查，这个检查必然流于形式。

要建立一把手安全检查业绩审核制，定期对每个负有安全检查责任人员的检查情况（如检查次数、班次、检查地点、检查内容、发现隐患个数、类别等）进行审查，提出审核意见。实践证明这是一个很好的办法。而且越难监督的事，越由一把手监督，效果会更好。

3. 隐患的收集、整理、筛选

为强化对安全信息的管理，企业应设置安全信息站，负责隐患的收集、整理、筛选，一般隶属于安全监管部门。安全信息部门要将来自各方面的安全信息进行收集、整理，将隐患和问题区分开来，对于隐患要按分类标准进行分类。

因各层面的工作方式不同，隐患的记录形式也不尽相同。单位层面，无论是单位领导、中层管理人员、业务科室人员、群监员、青监员，还是安检部门，都应采用记录式，即人手配备一本“安全检查手册”。集团公司层面及政府有关部门，往往都采取通报式（即书面形式）通知隐患单位。

所有具有安全检查职能人员的安全检查手册和上级领导和部门的安全隐患通报都要由安全信息站进行信息的筛选、汇总、登记、造册、保存。当班安检人员要将各自发现的隐患连同其他人员发现的本人监管区域内的隐患一并整理汇总填写“安全隐患整改通知单”和“安全罚款通知单”，经安检部门值班领导审核后送达被检单位，并送安全信息站存档。

安全信息站要将安全隐患进行分类，按类填写“重大隐患整改落实卡”“一般重大隐患整改落实卡”“一般隐患整改落实卡”，填写“安全信息日报”。由安全信息站的业务人员按规定送到各个领导及有关部门进行处理、整改。安全信息站要监督对隐患的整改，形成闭环。对于集团公司各部门及政府有关部门检查发现的隐患，无论以何种形式通报的情况，都要由与会的安全主管人员将通报内容及时反馈到安全信息站，由安全信息站按上述规定程序分类处理。

4. 隐患信息的传递送达

隐患信息的传递送达是确保隐患得到治理的重要环节。每天由安全信息员送达到有关领导及有关部门的隐患整改落实卡必须经本人签字为准，并将签字一栏返回到安全信息站存档。安全信息日报要由安全主管人员在定期召开的安全例会上通报。

5. 隐患罚款公示

基层班组收到“安全隐患整改通知单”和“安全罚款通知单”后，要予以公示，安检部门及其他人员发现的安全隐患，要在醒目地点设置的安全隐患公示板予以公示，安全隐患罚款最好采取面对面式，以增强员工对安全隐患的关心度、参与度和解决力度。

6. 隐患的追究

安全检查(监察)部门要对隐患的形成过程及要素进行追究，重点解决“隐患是什么时间形成的、怎么形成的、为什么能形成”的问题，对隐患形成过程的要素进行监察，对有关责任人员进行处理，隐患的追究由基层安全主管领导和集团公司安全监察部门确定。

7. 隐患整改反馈

基层单位接到“安全隐患整改通知单”和“安全罚款通知单”后，要在班前会上安排整改落实，每班将整改落实情况向安全信息站汇报，安全信息站要做好记录。按隐患分类送达有关领导及有关部门的隐患整改落实卡，隐患整改负责人要组织安排有关方面人员认真整改落实，并在整改落实后将隐患整改落实卡返回到安全信息站。基层单位以外其他层面发现的隐患，整改后按规定程序向隐患通报部门汇报。

8. 隐患的复查

安全检查(监察)部门要组织安检人员对隐患整改的结果进行复查，以确保隐患整改落到实处。本单位领导及有关部门发现的隐患，整改后由本单位安检部门组织复查；集团公司领导及业务部门以及政府有关部门发现的隐患，整改后由集团公司安全监察部门组织复查。

9. 落实隐患查改责任

安全检查(监察)人员要提高素质，提高责任心和使命感。安检人员的工资要和生产脱钩，只和安全效果挂钩。安全检查(监察)人员实行安全检查(监察)区域包保责任制，包保区域内发生的安全责任事故要和包保责任人挂钩，要一并追究包保责任人的责任。安全检查(监察)人员实行安全检查(监察)效果滚动递增工资制，即以本人月基本工资为单位，当月责任区域内没发生安全责任事故的，下月本人工资递增一部分，以此类推。如发生安全责任事故，从发生月份起退回到本人月基本工资，重新滚动递增。逐月递增比例视本单位安全情况以能刺激安全检查(监察)人员积极性为准，确保检查(监察)到位。安全检查(监察)部门要建立安全检查(监察)人员追责制，实行责任追究及末位淘汰制。

10. 强化安全信息的使用功能

安全信息反映了企业及企业基层单位的安全管理水平。要将安全信息纳入班组安全考核之中，在建立员工个人安全信息档案的基础上，实行安全责任量化考核、安全风险抵押金考核、安全质量结构工资考核，通过经济杠杆的作用，强化每名员工的安全责任意识，确保安全生产。

任务四　能力实践——安全评价

一、安全评价定义

安全评价

安全评价(风险评价)是以实现安全为目的,应用安全系统工程原理和方法,辨识与分析工程、系统、生产经营行为和社会活动中的危险、有害因素,预测发生事故或造成职业危害的可能性和严重程度,提出科学、合理、可行的安全对策措施建议,做出评价结论的活动。安全评价可针对一个特定的对象,也可针对一个特定区域范围。

二、安全评价目的

安全评价目的是查找、分析和预测工程、系统、生产经营活动中存在的危险、有害因素及可能导致的危险、危害后果和程度,提出合理可行的安全对策措施,指导危险源监控和事故预防,以达到最低事故率、最少损失和最优的安全投资效益。

① 系统地从计划、设计、制造、运行、储运和维修等全过程进行控制。

② 建立使系统安全的最优方案,为决策提供依据。

③ 为实现安全技术、安全管理的标准化和科学化创造条件。

④ 促进企业实现本质安全化。

三、安全评价对象

① 对于法律法规、规章所规定的、存在事故隐患,可能造成伤亡事故或其他有特殊要求的情况,应进行安全评价。亦可根据实际需要自愿进行安全评价。

② 评价对象应自主选择具备相应资质的安全评价机构,按有关规定进行安全评价。

③ 评价对象应为安全评价机构创造必备的工作条件,如实提供所需的资料。

④ 评价对象应根据安全评价报告提出的安全对策措施建议及时进行整改。

⑤ 同一对象的安全预评价和安全验收评价,宜由不同的安全评价机构分别承担。

⑥ 任何部门和个人不得干预安全评价机构的正常活动,不得指定评价对象接受特定安全评价机构开展安全评价,不得以任何理由限制安全评价机构开展正常业务活动。

四、安全评价的内容

安全评价包括危险、有害因素的识别及危险程度评价两部分。危险、有害因素识别的目的在于识别危险来源;危险和危害程度评价的目的在于确定和衡量来自危险源的危险性、危险程度及应采取的控制措施。

危险性识别包括危险源辨识和计算风险率。危险源辨识应识别危险、有害因素,并把握危险性变化的规律;计算风险率应确认事故发生概率和后果严重度。危险度评价应设定风险判别准则,确认危险性控制措施,以消除或减低危险。这两方面不能截然分开、独立进行,而是相互交叉、相互重叠于整个评价工作中。

五、安全评价的种类

目前,国内根据工程、系统生命周期和评价的目的,将安全评价分为安全预评价、安全验收评价、安全现状综合评价、专项安全评价四类。

1. 安全预评价

安全预评价是根据建设项目可行性研究报告的内容，分析和预测该建设项目存在的危险、有害因素的种类和程度，提出合理可行的安全技术设计和安全管理方面的建议。

2. 安全验收评价

安全验收评价是在建设项目竣工、试生产运行正常后，通过对建设项目的设施、设备、装置实际运行状况的检测、考察，查找该建设项目投产后可能存在的危险、有害因素，提出合理可行的安全技术调整方案和安全管理对策。

3. 安全现状综合评价

安全现状综合评价是针对某一个生产经营单位总体或局部的生产经营活动安全现状进行的全面评价。安全现状综合评价是对在用生产装置、设备、设施、储存、运输及安全管理状况进行的全面综合安全评价，是根据政府有关法规的规定或是根据生产经营单位职业安全、健康、环境保护的管理要求进行的。

4. 专项安全评价

专项安全评价是针对某一项活动或场所，以及一个特定的行业、产品、生产方式、生产工艺或生产装置等某一专项存在的危险、有害因素进行的一种安全评价。

专项安全评价是根据政府有关管理部门的要求进行的，是对专项安全问题进行的专题安全分析评价，如危险化学品专项安全评价、非煤矿山专项安全评价等。

六、安全评价程序

安全评价程序主要包括前期准备，危险、有害因素辨识，划分评价单元，选择评价方法，定性、定量评价，安全对策及建议，评价结论，编制安全评价报告等。

1. 准备阶段

明确评价对象，备齐有关安全评价所需的设备、工具，收集国内外相关法律法规、标准、规章、规范等资料。

2. 危险、有害因素辨识

根据评价对象的具体情况，辨识和分析危险、有害因素，确定其存在的部位、方式，以及发生作用的途径和变化规律。

3. 划分评价单元

评价单元划分应科学、合理、便于实施评价、相对独立且具有明显的特征界限。

4. 选择评价方法

任何一种评价方法都有其适用条件和范围，在安全评价中如果使用了不适用的安全评价方法，不仅浪费工作时间，影响评价工作的正常开展，而且可能导致评价结果严重失真，使安全评价失败。因此，在安全评价中，合理选择安全评价方法是十分重要的。

5. 定性、定量评价

根据评价单元的特性，选择合理的评价方法，对评价对象发生事故的可能性及其严重程度进行定性、定量评价。

6. 安全对策及建议

依据危险、有害因素辨识结果与定性、定量评价结果，遵循针对性、技术可行性、经济合理性的原则，提出消除或减弱危险、危害的技术和管理对策措施建议。

对策措施建议应具体翔实、具有可操作性。按照针对性和重要性的不同，措施和建议可分为应采纳和宜采纳两种类型。

7. 评价结论

安全评价机构应根据客观、公正、真实的原则，严谨、明确地做出安全评价结论。

安全评价结论的内容应包括高度概括评价结果，从风险管理角度给出评价对象在评价时与国家有关安全生产的法律法规、标准、规章、规范的符合性结论，给出事故发生的可能性和严重程度的预测性结论，以及采取安全对策措施后的安全状态等。

8. 编制安全评价报告

依据安全评价结果编制相应的安全评价报告。

七、安全评价方法选择的程序

① 分析被评价系统。

② 收集安全评价方法。

③ 分析安全评价方法。

④ 明确被评价系统能够提供的基础数据和资料。

⑤ 选择安全评价方法。

八、评价方法选用注意事项

选用评价方法时应根据对象的特点、具体条件和需要以及评价方法的特点选用几种方法对同一对象进行评价，互相补充、分析综合、相互验证，以提高评价结果的准确性。选用评价方法应考虑下列问题。

1. 评价对象（系统）的特点

根据评价对象的规模、组成部分、复杂程度、工艺类型（行业类别）、工艺过程、原材料和产品、作业条件等情况，选择评价方法。

2. 根据系统的规模、复杂程度选择

随着规模、复杂程度的增大，有些评价方法的工作量、工作时间和费用相应地增大，甚至超过容许的条件。在这种情况下应先用简捷的方法进行筛选，然后确定需要评价的详细程度，再选择适当的评价方法。

3. 根据评价对象的工艺类型和工艺特征选择

评价方法大多适用于某些工艺过程和评价对象，如道化学、蒙德的评价方法等适用于化工类工艺过程的安全评价，故障类型和影响分析法适用于机械、电气系统的安全评价。

4. 评价对象的危险性

根据过去的统计资料，对危险性较高的对象往往采用系统的、较严格的评价（如事件树、事故树、火灾爆炸指数法等）；反之，倾向采用经验的、不太详尽的评价方法（如直观经验分析、检查表法等）。评价对象若同时存在几类主要危险、有害因素，往往需要用几种评价方法分别对评价对象进行评价。规模大、复杂、危险性高的评价对象往往先用简单、定性的评价方法（如检查表法、预先危险性分析法、故障类型和影响分析等）进行评价，然后再对重点部位（单元）用较严格的定量法（如事件树、事故树、火灾爆炸指数法等）进行评价。

5. 评价目标

虽然对系统评价的最终目的是评价出系统的危险性（危害性），但在具体评价中可根据需要（或用户提出要求）对系统提出不同的评价目标。例如，危险（危害）等级、事故（故障)概率、事故造成的经济损失、危险区域(半径)等,故需要根据评价目标选择适用的评价方法。

6. 资料占有情况

如果评价对象技术资料、数据齐全,则可进行定性及定量评价并选择相应的定量评价方法;若对象属于新开发性质,资料、数据不充分,又缺乏可类比的技术资料和数据,则只能采用预先危险性分析等方法进行概略性评价。一些评价方法,特别是定量评价方法,应用时需要有必要的统计数据(如各因素、事件、故障发生概率、评价目标值等)作为依据;若缺少这些数据,就限制了定量评价方法的应用。

7. 其他因素

包括评价人员的知识和经验、完成评价工作的时限、经费支持状况、评价单位设施(软、硬件)配备和评价人员及管理人员的素质、习惯、爱好等。

任务五　能力实践——安全计划

一、安全计划定义

安全计划

安全计划是根据企业内外部环境、地质条件、生产技术条件、各种资源状况及其发展特点,制定安全生产发展目标,确定逐步解决安全问题的方针、策略、措施和基本对策。安全计划的重要性可归结为决策的基础、应变的前提、管理的保障、控制的手段。安全计划应作为企业发展计划的重要内容,企业在制订发展计划时必须同时制订企业安全计划。

二、安全计划种类

根据安全计划的期限,可分为三种类型,即长期计划、中期计划和年度计划。

1. 长期计划

长期计划又称为长期规划,计划期限一般 5～10 年。长期安全计划是一种目标计划,其内容应包括两大方面:

① 决定企业安全生产总体战略目标和发展方向,确定安全生产资源的获取、使用、分配准则,建立灾害事故控制的基本对策和策略。

② 确定企业安全生产技术措施计划,如安全投入计划、安全技术发展计划、人员培训计划等。

安全长期计划属于重点及目标性质的规划,只含较粗略的大目标数字,其计划时间长度取决于计划内容的复杂程度及性质。

2. 中期计划

中期计划一般称发展计划,由长期计划衍生而来,是企业设定未来 2～5 年内欲努力发展的目标及战略,用以执行长期计划。其内容主要包括:

① 由长期计划衍生而来的具体化的安全生产目标、对策及策略。

② 详细的计划内容,具有综合性,以起到协调平衡作用,使原来松弛的策略计划获得严密的内容。

中期计划应依据长期计划要求,各年份分别制订计划以适应内外环境条件,一般采用滚动计划法编制。

3. 年度计划

年度计划一般称为执行计划，是将长期计划、中期计划的目标及战略分解成年度的安全目标。年度计划不仅仅含有数字，最重要的是应有工作目标、方法、进度、负责人、经费等实质内容，还应包括安全工作绩效的评定方法。

三、安全计划的作用

通过编制和实施安全计划，可以起到以下几个方面的重要作用：

① 把安全生产工作纳入国家和企业的生产建设计划中，有计划、有步骤地解决重大安全问题，逐步提高企业安全生产水平。

② 抓住安全生产的关键项目，从改造、革新以及采用新技术、新装备、新工艺等方面，从根本上改善劳动条件，创造本质安全化作业环境。

③ 合理使用安全检查，使国家和企业在安全方面的投资发挥最大效能。

④ 通过安全计划的编制，吸收工人参与企业的安全管理，使职工更加明确企业的安全目标、安全生产状况和自身的安全责任。

⑤ 有利于国家的安全生产监管和社会监督，建立企业对职工负责、对社会负责、以人为本的良好的社会形象。

四、安全计划的内容

长期计划在我国大部分国有企业中均有编制，一般企业以中期计划为中心、年度计划为执行计划。安全中、长期计划应包括企业安全生产方针、发展目标、基本对策和重点措施，确定安全投资计划、人才培训计划和安全装备计划。虽然安全生产并不能创造直接的经济效益，但安全生产的间接经济效益是巨大的，在制订的安全计划中要包括提高安全效益的计划。

安全年度计划应包括安全工作的具体目标、内容、方法、措施、经费、实施日期、应取得的效果和评估方法、灾害预防与处理计划等内容。企业每年必须编制的灾害预防与处理计划的主要内容包括以下几个方面。

① 安全技术措施方面。包括控制自然灾害、预防伤亡事故的一切措施，如煤矿瓦斯防治措施，水灾、火灾、顶板灾害等的防治方案和措施，安全防护装置、保险装置、信号装置、防爆装置、安全检测仪器仪表的购置、使用、维修管理措施等。

② 职业卫生技术措施方面。包括以改善劳动条件、防治职业危害为目的的一切技术措施，如防尘、防毒、防寒、防热害、防噪声、防振动及通风工程等。职业卫生技术措施应与企业的环境保护工作紧密结合。

③ 有关保证安全生产和职业卫生所必需的建筑物和设施等，如淋浴室、更衣室、卫生保健室、消毒室等。

④ 安全生产宣传教育计划和措施。如职工安全教育培训计划、安全宣传计划、安全图书和安全影视教育片的购置、安全教育室所需设施等。

⑤ 事故应急预案。包括万一企业发生重大事故时抢险救灾的方案、技术和组织保障措施，职工自救、互救技术的训练，抢险救灾、人员避灾的技术装备和实施等。应明确规定万一发生火灾等重大灾变事故时的报告、通信、人员避灾组织和路线、救灾措施和防止事故扩大的措施、救灾过程中各类人员的职责分工等。

⑥ 安全技术措施资金使用计划。明确规定安全技术措施资金的提取、使用和管理措施，确定安全技术措施资金效能的评价方法。

五、安全计划编制依据

企业编制安全计划要在认真研究企业内外部环境，综合分析地质条件、生产技术条件、经济条件、技术和装备水平、各种资源特点及其变化的基础上进行编制。具体说来，企业安全计划的编制要依据以下几个方面。

① 社会环境。包括国家安全生产方针政策、法律法规、国家安全生产监督管理体制及其变化、国民经济可持续发展方略、社会对企业安全生产的要求、本行业安全生产的整体发展水平及其发展预测、社会整体安全生产意识水平、国家安全文化素质等。社会环境对企业安全生产的影响和制约是重大的、深远的、长期的，在编制安全计划尤其是安全长期计划时要认真研究和考虑。

② 经济环境。提高企业安全生产水平需要一定的安全投入，安全投入的多少除必须执行国家安全生产法律法规外，还取决于企业的经济环境和经济能力，同时受到国家经济环境的制约，也需要国家的政策引导和资金支持。因此，企业在制订安全计划时要对企业内外部经济环境进行系统研究，对未来有较准确的预测和分析。

③ 技术环境。主要包括安全技术发展现状，防灾技术的针对性、有效性，安全技术结构，技术人员的素质和数量，安全技术知识的普及程度等。技术因素影响企业安全生产的各个方面，因而在技术进步加速的今天，企业不能忽略技术的影响。如果没有技术的进步，企业的安全生产就会失去希望。

④ 地质条件等安全隐患特点及灾害可控性。这直接关系到安全管理的有效性、安全目标制定的合理性和安全技术措施制定的针对性。

⑤ 生产技术条件。包括企业的生产布局和生产接续、装备水平、机械化程度、企业的技术发展、生产系统的优化调整等。安全计划必须与企业生产计划、装备计划和科技发展计划协调配合，构成企业发展计划的有机组成部分。

⑥ 人力资源状况。人是安全生产的决定性因素，编制安全计划要对企业人力资源状况有一个准确的评价，并结合社会的发展，对人力资源发展态势有一个合理的预测。

⑦ 企业安全生产工作数据、资料。通过对积累资料的系统分析，总结安全生产的规律，研究各种因素对安全生产的影响，预测发展趋势。

⑧ 长期、中期和年度计划的衔接。要注意各类计划之间的内在关系，年度计划必须保证中期计划的实现，中期计划要以长期计划为基础。

六、安全计划编制程序

安全计划编制的程序，根据企业具体情况和计划类型不同而有所区别。企业中、长期安全计划由企业组织各职能部门根据企业内外部环境，综合考虑安全生产各方面因素后编制，报上级管理部门和安全监察机构批准备案。股份制企业的安全生产长期计划应呈董事会核准。

1. 调查研究

编制安全计划，必须弄清计划对象的客观情况，这样才能做到目标明确、有的放矢。为此，在计划编制之前，首先必须按照计划编制的目的要求，对计划对象中的各个有关方面进行现状的和历史的调整，全面积累数据，充分掌握资料。在调查中，一方面要注意全面、系统地掌握第一手资料，防止支离破碎、断章取义；另一方面也要注意解剖麻雀，有针对性地把主要安全问题追深追透，反对浅尝辄止、浮于表面。调查有多种形式，从获得资料的方式来看，有亲自调查、委托调查、重点调查、典型调查、抽样调查和专项调查等。调查搞好了，还要对调查材料进行及时、深入、细致的分析，发现矛盾、找出原因、去伪存真、去粗取精。

2. 科学预测

预测，就是通过分析和总结某种安全生产现象的历史演变和现状，掌握客观过程发展变化的具体规律性，揭示和预见其未来发展趋势及数量表现。预测是安全计划的依据和前提。因此，在调查研究的基础上，必须邀请有关安全专家参加，进行科学预测，得出科学、可信的数据和资料。安全预测的内容十分丰富，主要有工艺状况预测、设备可靠性预测、隐患发展趋势预测、事故发生的可能性预测等；而从预测的期限来看，则又有长期、中期和短期预测等。

3. 拟订计划方案

经过充分的调查研究和科学的安全计划预测，计划机关或计划者掌握了形成安全计划足够的数据和资料，根据这些数据和资料，审慎地提出计划的安全发展战略目标、安全工作主要任务、有关安全生产指标和实施步骤的设想，并附上必要的说明。通常情况下，一般要拟订几种不同的方案以供决策者选择之用。

4. 论证和择定计划方案

这一阶段是安全计划编制的最后一个阶段，主要工作大致可归纳为以下几个方面。

① 通过各种形式和渠道，召集有准备的各方面安全专家的评议会进行科学论证；同时，也可召集职工座谈会，广泛听取意见。

② 修改补充计划草案，拟出修订稿，再次通过各种形式渠道征集意见和建议。这一程序必要时可反复多次。

③ 比较选择各个可行方案的合理性与效益性，从中选择一个满意的安全计划，然后由企业权力机关批准实行。

由上可见，安全计划编制的这套程序，既符合决策科学的要求，也符合群众路线的要求。只要自觉地运用从实际出发的唯物观点和辩证方法，能够认真地运用科学的安全计划方法并走群众路线，就一定能够制订出比较满意的计划。

七、安全计划编制的方法

安全计划编制不仅要按照一定原则和步骤进行，而且要采用能够正确核算和确定各项安全指标的科学方法。在实际工作中，常用的安全计划方法主要有以下几种。

1. 定额法

定额是通过经济、安全统计资料和安全技术手段测定而提出的完成一定安全生产任务的资源消耗标准，或一定的资源消耗所要完成安全生产任务的标准。它是安全计划的基础，对计划核算有决定性影响。定额法就是根据有关部门规定的标准，或者目前在正常情况下已经达到的标准，来计算和确定安全计划指标的方法。

2. 系数法

系数是两个变量之间比较稳定的数量依存关系的数量表现，主要有比例系数和弹性系数两种形式。比例系数是两个变量的绝对量之比。如企业安装一台消声器的工作量一般占基建投资总额的比例假设为65%，那么，这里的0.65就是二者的比例系数。弹性系数是两个变量的变化率之比。如企业产量增长速度和企业总的经济增长速度之比假设为0.2∶1，那么，这里的0.2就是产量增长的弹性系数。系数法就是运用这些系数从某些计划指标推算其他相关计划指标的方法。系数法一般用于计划编制的匡算阶段和远景规划。其优点是可以在时间短、任务急、资料不全的情况下迅速编制粗线条的计划，还可以对计划进行粗略的论证和检验。但使用时必须注意系数在计划期的有效性，并对之进行尽可能科学的修正。

3. 动态法

动态法就是按照某项安全指标在过去几年的发展动态，来推算该指标在计划期的发展水平的方法。如假设根据历年情况，某企业集团人身伤害事故每年大约减少5%左右。假定计划期安全生产条件没有大的变化，那么也就可以按减少5%来考虑。这种方法常见于确定安全管理计划目标的最初阶段。

4. 比较法

比较法就是对同一计划指标在不同时间或不同空间所呈现的结果进行比较，以便研究确定该项计划指标水平的方法。这种方法常被用于进行安全管理计划分析和论证。使用它，可以较好地吸收其他企业的成功经验。当然，在运用这种方法时，一定要注意到同一指标的诸多因素的可比性问题，简单的类比是不科学的。

5. 因素分析法

因素分析法是指通过分析影响某个安全指标的具体因素以及每个因素变化对该指标的影响程度来确定安全管理计划指标的方法。例如，在生产资料供应充足的条件下，企业生产水平取决于投入生产领域的活劳动量和单位活劳动的生产率以及企业安全生产的水平。因此，确定企业产量计划，可以通过分别求出计划期由于劳动力增加可能增加的产量以及由于劳动生产率提高可能增加的产量和安全生产的平稳运行可能增加的产量，然后把三者相加。这就是因素分析法。

6. 综合平衡法

综合平衡是从整个企业安全生产管理计划全局出发，对计划的各个构成部分、各个主要因素、整个安全管理计划指标体系进行的全面平衡。综合平衡法把任何一项安全工作计划都看作一个系统，不是追求局部的、单指标的最优化，而是寻求系统整体的最优化。因此，它是进行计划平衡的基本方法。综合平衡法的具体形式很多，主要有编制各种平衡表，建立便于计算的计划图解模型或数学模型等。

八、安全管理计划的检查与修订

制订安全管理计划并不是计划管理的全部，而只是计划管理的开始，在整个安全管理计划的制订、贯彻、执行和反馈的过程中，计划的检查与修订占有十分重要的地位，起着不可忽视的作用。

1. 计划的检查是监督计划贯彻落实情况、推动计划顺利实施的需要

安全生产管理计划虽然是按照一定的民主程序和科学过程而制订的，并对企业各方面的诸种关系都做了通盘的考虑，但是，仍然不能保证它在各个子系统内或每一个环节都能得到及时、全面、切实的贯彻和落实。通过计划检查，就可以及时了解计划任务的落

实情况以及各部门、各单位、各基层完成计划的进度情况，以便研究和提出保证完成计划的有力措施。

2. 计划检查还可以检验计划编制是否符合客观实际，以便修订和补充计划

诚然，计划的编制是力求做到从实际出发，使其尽量符合客观实际。但是，由于人的认识不但常常受科学条件和技术条件的限制，而且也受客观过程的发展及其表现程度的限制。因此，部分改变计划的事是常有的。当发现计划与实际执行情况不符时，应具体分析其原因，如果是由于计划本身不符合实际，或在执行过程中出现了前所未料的问题，如重大突发事件、突发重大事故等，就应修改原定计划。但修订调整计划必须按一定程序进行，必须经原批准机关审查批准。对由于计划执行单位管理不善等主观原因造成的计划与实际脱节，则不允许修改计划，以保证计划的严肃性。

3. 计划的检查要贯穿于计划执行的全过程

从安全管理计划的下达开始，直到计划执行结束。计划检查要做到全面而深入。检查的主要内容有：

① 计划的执行是否偏离目标。

② 计划指标的完成程度。

③ 计划执行中的经验和潜在的问题。

④ 计划是否符合执行中的实际情况，有无必要做修改和补充等。

检查的方法则有：

① 分项检查和综合检查。

② 数量检查和质量检查。

③ 定期检查和不定期检查。

④ 全面检查。

⑤ 重点检查。

⑥ 抽样检查。

⑦ 统计报表检查。

⑧ 深入基层检查等。

《安全评价通则》
（AQ 8001—2007）

“十四五”国家
安全生产规划

参考文献

[1] 崔政斌，周礼庆.企业安全文化建设[M].北京：化学工业出版社，2014.
[2] 傅贵.安全管理学：事故预防的行为控制方法[M].北京：科学出版社，2013.
[3] 国家安全生产监督管理总局，国家煤矿安全监察局.煤矿安全规程[M].北京：煤炭工业出版社，2011.
[4] 何家禧.职业危害风险评估与防控[M].北京：中国环境出版社，2016.
[5] 罗恩·C.麦金农.安全管理中的未遂事件研究[M].郭庆军，译.北京：科学出版社，2019.
[6] 吕淑然，车广杰.安全生产事故调查与案例分析[M].2 版.北京：化学工业出版社，2020.
[7] 马中飞，程卫民.现代安全管理[M].北京：化学工业出版社，2022.
[8] 苗金明，韩如冰.现代企业安全管理方法与实务[M].2 版.北京：清华大学出版社，2014.
[9] 饶国宁，娄柏.安全管理[M].2 版.南京：南京大学出版社，2021.
[10] 沈斐敏.安全系统工程理论与应用[M].北京：煤炭工业出版社，2001.
[11] 王显政.美国煤矿安全监察体系[M].北京：煤炭工业出版社，2001.
[12] 应急管理部信息研究院.应急管理法律法规选编[M].北京：应急管理出版社，2019.
[13] 中国法制出版社.中华人民共和国法律全书：1949—2019[M].5 版.北京：中国法制出版社，2019.
[14] 周世宁，林柏泉，沈斐敏.安全科学与工程导论[M].徐州：中国矿业大学出版社，2005.
[15] 庄绪春，刘建民，王雪佼，等.不安全心理与行为管控[M].徐州：中国矿业大学出版社，2016.
[16] 庄绪春，刘建民，王雪佼，等.矿山应急救援指挥与灾害处理[M].北京：应急管理出版社，2020.